烹饪教程真人秀

下厨必备的
花样主食分步图解

甘智荣 主编

吉林科学技术出版社

图书在版编目（CIP）数据

下厨必备的花样主食分步图解 / 甘智荣主编 . -- 长春：吉林科学技术出版社，2015.7
（烹饪教程真人秀）
ISBN 978-7-5384-9530-0

Ⅰ . ①下… Ⅱ . ①甘… Ⅲ . ①主食－食谱 Ⅳ . ① S972.13

中国版本图书馆 CIP 数据核字（2015）第 166048 号

下厨必备的花样主食分步图解

Xiachu Bibei De Huayang Zhushi Fenbu Tujie

主　　编	甘智荣
出 版 人	李　梁
责任编辑	李红梅
策划编辑	黄　佳
封面设计	郑欣媚
版式设计	谢丹丹
开　　本	723mm×1020mm　1/16
字　　数	220千字
印　　张	16
印　　数	10000册
版　　次	2015年9月第1版
印　　次	2015年9月第1次印刷

出　　版　吉林科学技术出版社
发　　行　吉林科学技术出版社
地　　址　长春市人民大街4646号
邮　　编　130021
发行部电话/传真　0431-85635177　85651759　85651628
　　　　　　　　　　85677817　85600611　85670016
储运部电话　0431-84612872
编辑部电话　0431-86037576
网　　址　www.jlstp.net
印　　刷　深圳市雅佳图印刷有限公司

书　　号　ISBN 978-7-5384-9530-0
定　　价　29.80元

目录
CONTENTS

PART 1　百变的主食世界

PART 2　米饭的花样年华

PART 3 浓稠香粥，吃不够

PART 4 营养全"面"，一碗搞定

PART 5 饺子馄饨，人人爱

PART 6 包子馒头花卷，为身体提供能量

PART 7 香甜大饼，好吃的秘密

PART 1

百变的
主食世界

　　中国人的主食多种多样，加工主食的方法也是千变万化。从米饭到靓粥，从面条到馒头、饺子，各有特色，各有风味。如果每天能让家人吃上花样翻新的主食，则不仅能令家人食欲大开，还能带给他们全面的营养。下面将向大家介绍一整套制作面点的知识以及熬粥的小秘诀，学会它您就可以随心所欲、有所创新地制作出专属于自己的主食。

面面俱到

要想做出一道色香味俱全的面食，除了要掌握一些必要的烹饪技巧外，烹饪之前的准备阶段也至关重要，如何选择面粉？如何发面？这些问题您将从下面的内容找到答案。

◎ 常用的粉类材料

小麦粉：是用小麦磨出来的粉，即我们通常说的面粉。小麦粉分为高筋面粉、中筋面粉和低筋面粉，它们是我们在厨房中比较常用的。面粉的筋度指的是面粉中所含蛋白质的比例，高筋面粉中蛋白质含量为12.5%~13.5%，它的特性是筋度高、延展性和弹性都高，常用来做面包、面条、烙饼等；中筋面粉就是普通面粉，蛋白质含量为8.5%~12.5%，它的特性是筋度中等，延展性和弹性各有强弱，适合用来做各种家常面食，如馒头、包子、面条、饼等；低筋面粉的蛋白质含量在8.5%以下，它的特性就是筋度低、延展性弱、弹性弱，常用来做蛋糕或各类小点心。

澄粉：是一种无筋的面粉。将面粉用水漂洗过后，其中的粉筋与其他物质分离出来，粉筋成面筋，剩下的就是澄粉。其色洁白、面细滑，做出的面点半透明而脆、爽、如我们常吃的虾饺就是用澄粉做的，还可用来制作各种点心如粉果、肠粉等。

杂粮粉：常见的杂粮粉类有小米面、绿豆面、玉米面、燕麦面、黄豆面等。这些杂粮粉富含淀粉、蛋白质，与面粉的成分和性质不同，口感和味道也各有特色。小米面是谷子脱壳以后磨成的粉，小米面和小麦面粉搭配可以做馒头、窝头、发糕、饼等。绿豆面是绿豆磨成的粉，可用于制作糕点及小吃。玉米面是玉米磨成的粉，可以煮粥，制作窝头、玉米饼或发糕等。燕麦面由燕麦磨粉而成，可用于制作莜面窝窝、莜面面条、莜面鱼鱼等面食。黄豆面就是黄豆磨成的粉，和玉米面搭配可以制作窝头等，还可以炒熟后作配料。

糯米粉：分为普通糯米粉和水磨糯米粉。普通糯米粉是将糯米用机器研磨成粉末，类似面粉，粉质较粗；水磨糯米粉是将糯米浸泡一夜后磨成浆水，装入布袋吊一个晚上，待水滴干，把湿的糯米粉团掰碎、晾干后即成，其粉质细腻润滑。糯米粉在北方也叫江米粉，适合用来做汤圆、年糕、驴打滚和油煎类中式点心等。

紫米粉： 用紫米磨成的粉。可以适当添加到面粉中做成颜色漂亮的馒头、花卷、米糕等，营养价值也会更高。

黑米粉： 用黑米磨成的粉。面粉中可以适当添加黑米粉做馒头或者花卷等。

粘米粉： 用普通大米磨成的粉，黏性不如糯米粉，适合做蒸制的中式点心，如松糕。

◎制作完美面点的最佳拍档

酵母： 酵母是一种单细胞的微生物，与面粉、水混合后，吸收面粉内的养分而生长繁殖，产生酒精和大量二氧化碳气体，使面团膨大，有新鲜酵母、活性干酵母、速溶酵母。新鲜酵母是一种没有经过干燥、造粒工艺的酵母。与干酵母相比，鲜酵母具有活细胞多、发酵速度快、发酵风味足、使用成本低等优点。新鲜酵母最适合的存放是在0℃~4℃冷藏，因为0℃~4℃酵母处于休眠状态，只有缓慢的代谢来维持生命。

鲜酵母在0℃~4℃条件下可存放45天。活性干酵母是由特殊培养的鲜酵母经压榨干燥脱水后仍保持强的发酵能力的干酵母制品。将压榨酵母挤压成细条状或小球状，利用低湿度的循环空气经流化床连续干燥，使最终发酵水分达8%左右，并保持酵母的发酵能力。速溶酵母为新鲜酵母经低温干燥浓缩制成，略带乳黄色，其用量省、发酵速度快，适用于制作较松软的南方风味发酵面食。

食用碱： 是一种食品疏松剂和肉类嫩化剂，能使干货原料迅速涨发，软化纤维，去除发面团的酸味，适当使用可为食品带来极佳的色、香、味、形，以增进人们的食欲。在发面的过程中会有微生物生成酸，面团发起后会变酸，必须加食用碱（碳酸盐）把酸反应掉，才能制作出美味的面食。

白糖： 在和面时加入适量的白糖，是为酵母的繁殖和分泌"酵素"提供养分，从而使面团通过发酵出现蜂窝组织，体积膨大，质地更加松软。

蔬菜汁： 可根据个人喜好，将不同颜色的蔬菜榨汁，添加到面团中使面点呈现不同的色彩，从而增进食欲。

鸡蛋： 面团中加蛋白能增加粘合力，比如包饺子皮；打发后能增加膨松感，如蛋糕加入蛋黄又能起到着色作用。

◎发面的最佳温度和用水量

发面最适宜的温度是27℃~30℃。面团在这个温度下，2~3小时便可发酵成功。为了达到这个温度，根据气候的变化，发面用水的温度可作适当调整：夏季用冷水；春秋季用40度左右的温水；冬季可用60℃~70℃热水和面，盖上湿布，放置在比较暖和的地方。

面粉、水量的比例对发面很重要。不少朋友总是说发不起来，可能是因为面团太硬了。水少面多，面团就硬，这样的面团适合做手擀面。水多面少，发出来的面团软踏踏，成品口感差。什么比例合适呢？我给个大致的配比为500克面粉，水量不能低于250毫升，即相当于面粉：水量=2：1。当然，做馒头还是蒸包子，你完全可以根据自己的需要和饮食习惯来调节面团的软硬程度。同时也要注意，不同的面粉吸湿性是不同的，所以用水量还要灵活运用。

◎怎样判断面发没发好

新鲜酵母、活性干酵母、老面的发酵完成与否，可用眼睛观察，面团膨胀到原来的2~3倍，表面干爽且拱起呈弧状，用鼻子闻面团有一股酒精味，用手指在面团中间戳一个洞，面团会马上陷下去，同时溢出一股酒精味及酵母味，且指印会留在面团上，用手拉起一撮面团时感觉有弹性，面团内部则如蜘蛛网状，有大小均匀的孔洞。速溶酵母不需要长时间的发酵，很容易判断。只要经过20~30分钟后用手触摸面团，表面柔软即可。

◎天冷的时候怎样发面

酵母要多放：天冷时和面要比天热时多放酵母，这样面会发的快一些。使用酵母前要用温热的水将酵母化开。

温热水和面：在和面时用温热水，能让面更容易发起来，但不要用很烫的水，否则会适得其反。发面最适宜的温度是27℃~30°，因此尽量用温水发面。

和完面后盖上笼屉布：当用温水和好面后，再盖笼屉布保温，这样面蒸发慢，会发的比较好。笼屉布要提前洗干净并自然晾干。

放到密闭容器里：面和好后，要放到密闭比较好的容器里。如果放到瓷盆里，要盖好盖子，尽量严实一些。

放在比较暖和的地方：如果屋里比较冷，要把面缸放在炉子旁边，或者暖气片附近，这样保持较高的温度，能让面发的快一些。

◎制作面点常用工具

磅秤：有弹簧秤和电子秤两种，电子秤较弹簧秤更能精准的量出材料重量。

擀面棍：在东亚地区和法国擀面棍为实心的棒状，为木材制造，直径2~3厘米。有的棒状杆面棍两端稍细，以便于手握。在需要灵活操作的时候（例如制作饺子皮），人们经常只用一只手滚动擀面棍，另一只手随时调整面团的位置。西方其他地区的擀面棍为内外两层的滚筒状。主体圆柱直径7~10厘米，内含一个轴心，并在两端引出手柄。使用者抓住手柄推拉，使得滚筒在面团上滚动。这类杆面棍比棒状的灵活性差，更适用于擀成厚度均匀的大片。为了控制原料的温度，有些复杂的擀面棍还在内部灌注冷/热水。

蒸笼：蒸笼起源于汉代，是汉族饮食文化的一朵奇葩，其中竹蒸笼以原汁原味，蒸汽水不倒流，色香味俱全饮誉全球。竹蒸笼有竹香，蒸笼盖会吸水汽，包子表面不会被水滴到，竹蒸笼用完清洗后将每层（包括蒸盖）空蒸15~20分钟，放置于通风之处，较不易长霉（不能用东西包住）。不锈钢蒸笼容易清洗、不会长霉，但缺点是不能吸收水汽和散发竹香，蒸时在笼盖与最上一层间铺上一块较厚的纱布有助于吸收水蒸气。

刮板：辅助和面工具，主要用来和面、面团整形；两用刮板主要用来切面和铲除残渣碎屑；三角齿小刮板可以在裱上鲜奶的蛋糕边缘刮出不同深浅和间距的外围边，给奶油蛋糕做造型。

纱布：为3~4层厚、每边长50~60厘米的正方形纱布，用于覆盖面团。若用纱布垫产品来蒸，需要4~5层纱的厚度，若纱布太薄，蒸汽会将纱布蒸干，产品底部会黏住，取出时易破皮漏馅；如纱布太厚则会吸收过多的水汽，布太湿拖住产品底部，影响其膨胀，出炉时底部的面皮会湿黏。纱布用过后要搓洗干净，拧干再使用。

盖帘：盖帘是取高粱秆没有结子的前端(俗称"莛子"、"莛秆")而做，一般都是尽量选用较长一些的莛秆，这样做出的盖帘面积大，用于放置馒头、包子、饺子等生坯，有透气和不粘连的优点。

面粉筛：由于面粉在储存的过程中受潮会凝结成块，这样就很容易成为了很多小疙瘩，这些面粉在蛋糕、面包制作过程中组织非常的粗糙。还有就是，由于蛋糕需要很蓬松的面粉，过筛以后，面粉中的小疙瘩被打开，没有形成小疙瘩的面粉也被再次打开激活，变得更加的蓬松，这样当和蛋白、蛋黄混合以后可以更加蓬松，做出来的产品更加细腻、松软。

模型、空心模：模型有不锈钢模和纸制模，可制作出格式不同造型的成品。空心模用于擀薄面皮或派皮，有大小各种尺寸。

包馅匙：包馅用，有竹制和不锈钢制，规格大小可依个人喜好决定，烘焙材料店有售。

不锈钢盆：有大小之分，用于打蛋、拌和或盛装材料。

面食的制作

　　面食相对于其它主食其加工过程较为繁琐，要想做出一道美味的面食实属不易，从和面、发酵到出炉每个环节都需要做到万无一失，下面让我们一起学习如何制作一道成功的面食。

◎面食的制作流程

　　和面：和面时不能一次将水加足。面粉倒在盆里或面板上，中间扒出一个凹塘，将水徐徐倒进去，用筷子慢慢搅动。待水被面粉吸干时，用手反复搓拌面，使面粉成许许多多小面片，俗称"雪花面"。这样，既不会因面粉来不及吸不而淌得到处都是，也不会粘得满手满盆都是面糊。而后再朝"雪花面"上洒水，用手搅拌，使之成为一团团的疙瘩状小面团，称"葡萄面"。此时面粉尚未吸足水分，硬度较大，可将面团勒成块，将面盆或面板上粘的面糊用力擦掉，再用手蘸些水洗去手上的面粉洒在"葡萄面"上，即可用双手将葡萄面揉成光滑的面菌。

　　此种和面法叫"三步加水法"，可使整个和面过程干净、利索、达到"面团光、面盆光、手上光"的效果。和面时间要短，揉面的手劲要大，500~1000克的面粉量，5~7分钟就要揉好，时间拖久，因水分蒸发面团会变干硬，越揉越不光滑。

　　发酵：又称"第一次发酵"，先把面粉倒进一个大点的盆里，再用一个杯子或小碗，放一小勺的酵母粉，用少量温水化开，化开的酵母水均匀倒进面粉中，揉成比较光滑的面团，盖住盖，发酵。没有盖的容器用保鲜膜，自然室温下要等一到两个小时才能发起来，面发好后，起码体积涨了一倍多，手一戳，里面都是蜂窝状的大孔。

　　揉面：将发酵好的面团从发酵桶内取出，因面团组织内孔洞大小不均，要轻揉30~40秒，使面团更细致，千万不能太大力，若孔洞消失殆尽，面团就没弹性，整出的面皮就不松软。

　　松弛：又称为"醒"，面团经过搓揉，双手施压会产生很强的面筋，要放置一段时间，面团就会回软，才能进行下一个动作。醒的时间15~30分钟不等，温度高，松弛的时间久短，为15~20分钟；反之，温度低，松弛的时间要长些，为20~30分钟。醒的时候面团要盖上湿纱布，避免面团干硬而影响口感和美观。

　　分割、整形：不同的产品分割和整形的方式不一，如制作包子时面团用面刀分割数块，未用到的面团要盖上湿纱布，擀平后卷起成柱状，分切小块，再擀成圆面皮包馅。产品大小规格要统一，馅料填充要均匀，如此除了成品外形美观精致外，蒸制的火候和时间也比较好掌握。

　　放入蒸笼静置：又称"醒"、"第二次发酵"，此阶段静置时间的长短非常重要，视产品体积大小、重量、内部组织的松软程度与当时的室温来决定，一般时间为10~30分钟。

　　蒸熟：蒸制的时间与火力大小均视产品的内陷、体积、重量、内部组织结构、产品数量、口感的需求等决定。蒸时火力和时间都要适当，产品蒸过久或火力过大，出炉就会塌陷，蒸的时间和火力不够，产品不熟出炉也会塌陷。

　　产品出炉：这个阶段才是真正的最后一关，先关炉火——抬起蒸笼——放到工作台上——掀开蒸笼盖——1分钟后取出成品。如果使用不锈钢的蒸笼，当蒸笼放在工作台上时，顺手将抹布或耐热手套塞入蒸笼底部，使蒸笼倾斜一边，此时蒸笼内水汽得由两边空隙处散发，如蒸笼平放，水汽就直接往上垂直散发，则包子面潮湿至瞬间会塌陷；竹蒸笼因为易透气，则可省去这道工序。许多人在产品蒸好后就直接掀盖，产品瞬间塌陷而功亏一篑。因为蒸笼内的温度达100℃，室温与蒸笼内的温度落差太大，基于热胀冷缩原理就会造成这样的情况发生，因此，必须要依照步骤取出产品，才不会前功尽弃。

◎面点成形方法

　　揉：揉是比较简单的成形方法，一般只用于制作馒头。

　　包：包括大包、馅饼、馄饨、烧麦、春卷、粽子、汤圆等，都采用包的成形方法。

　　捏：捏是在包的基础上进行的一种综合性的成形法，需要借助其他工具或动作配合。

　　卷：卷是面点成形的重要方法，它是以卷的手法为主，配以其他动作和手法的一种综合成形的方法。

　　搓：搓主要用于麻花类制品的成形。先将醒好的剂条用双掌搓成粗细均匀的长条，再用双手按住两头，一手往后，一手往前搓上劲，然后将长条对折，再顺劲搓紧即可。

　　抻：抻的成形法主要用于面条，制品形状比较简单，但技术难度较大。将和好醒透的面

团再揉至上劲有韧性，搓成粗条，反复抻抖，把面抻出韧性、抻匀。面团放在案上，用两手按住两头对搓，上劲后，两手拿住两头一抻，甩在案上，抖一下，对折成双股，一手食指、中指、无名指夹住条的两个头，另一手拇指、中指抓住对折处成为另一头，然后向外一翻，一抻一抖，将条抻长，反复抖匀，直至面团达到要求即可。

　　切：切的成形法主要用于制作面条，分为手工切面和机器切面两种。

　　钳花：使用花钳等工具，在制好的半成品或成品上钳花，制作出美观多样的面点制品。

小馅料大作为

包子、饺子、馅饼等主要是通过馅料的变化而形成不同的风味。馅料用料广泛、制作多样。按口味可分为香甜馅料和咸味馅料两大类。

◎甜蜜诱惑：香甜馅料

香甜馅料一般选用白糖或红糖、冰糖等为主料，再加进各种蜜饯、果料以及含淀粉较多的原料，通过一定的加工而制成的馅料。根据用料以及制法的不同，香甜馅料可分为糖馅、蓉泥馅和果仁蜜饯馅三大类。

糖馅通常以糖、熟面粉、食用油为基础原料，再掺入一种或两种主要辅料调制而成。该主要辅料能够形成馅料的风味特色，大多馅料也以该辅料来定名。例如加入猪板油即为水晶馅；加入芝麻即为麻仁馅；加入冰糖、橘饼即为冰橘馅。

蓉泥馅是以植物的果实或籽为原料，将其加工成蓉或泥，再加糖、油拌或炒制而成的馅料。特点是质地细腻略沙，带有不同果实的香味。常用的蓉泥类馅料有豆沙蓉、枣泥、莲蓉泥、红薯泥、冬瓜泥、南瓜泥等。

果仁蜜饯馅是将熟制的果仁和蜜饯均匀切成细粒，再加糖、油、熟面粉等辅料调拌而成。其特点是松爽香甜，有各种果料的特有香味。一般常用的果仁有瓜子仁、花生仁、松子仁、杏仁、核桃仁以及芝麻仁等。蜜饯也叫果脯，用鲜果品加工制成，能较长时间保存，主要有青红丝、糖桂花、冬瓜条、葡萄干、桃脯、杏脯、蜜枣、橘饼等。

◎咸鲜味道：咸味馅料

咸味馅料泛指各种调味以咸味为主的馅料。咸味馅料选料极为广泛，蔬菜、家禽、家畜、海鲜等均可用于制作咸味馅料，是生活中使用最多、最普通的一种。咸味馅料按选材的不同可分为肉馅、菜馅和肉菜馅三种。

肉馅又称荤馅，是以一种或几种肉类调制而成。一种肉类的如猪肉馅、羊肉馅、鱼肉馅、虾肉馅等。几种肉类的如鸡肉配海参或虾仁、干贝、蟹肉、猪肉，猪肉配海参或鱿鱼、海米等。所选用的肉类原料必须新鲜、无异味、无血水、色泽美观，如猪瘦肉以色泽浅红为宜，猪肥膘肉以脊背或后臀的为好，虾仁要用未经碱涨发过的。

菜馅又称素馅，以新鲜蔬菜为主，再配以其他素料调制而成。常用原料有白菜、韭菜、菠菜、冬瓜、蒜薹、南瓜、黄花菜、木耳、冬菇、粉条、香干、豆腐等。各种材料的选用都要以新鲜、质嫩为好，如有霉变、腐烂则坚决不用。

肉菜馅一般由肉类原料和蔬菜搭配而成。此类馅料不仅在口味、营养上比较理想，并且在水分、黏性、脂肪含量等方面也较为合理。肉菜馅又可分为生馅、熟馅和生熟馅三种。生肉菜馅是由生肉加生菜拌成的馅料。具体方法就是将经过刀工处理的生肉馅放在小盆内，先加盐、酱油拌匀，顺一个方向搅打至呈糊状，再加入其他调味品，最后放葱姜末和切碎且不经熟处理的菜料搅拌均匀即成。熟肉菜馅即用熟肉加熟菜拌成的馅料。把生肉切成小粒、小丁或细丝，入热油锅中加葱姜末煸熟，放调味品和少量鲜汤，掺入切碎且经熟处理的菜料搅匀，勾少许水淀粉，淋香油，炒匀即成。生熟肉菜馅就是在调好味的生肉馅内加入切碎的熟菜料拌匀，或在制熟的肉馅中加入切碎的生菜料拌匀而成的馅料。

◎ 制作美味馅料有诀窍

1.调牛、羊肉馅应配上适量猪油，鱼、虾肉也应加一些猪肥膘，这样成馅才有黏性，口感也才会更鲜嫩。但需注意，用量不能太多，一般是每100克肉料加20~30克猪肥膘或猪油即好。

2.蔬菜水分大，剁碎后水分溢出，不易包制，可用晾干、焯水、腌渍等方法除去多余的水分，再进行包制。

3.对于需要加入葱姜的馅料，如果馅料是颗粒状的，可以加入葱姜末；如果馅料是泥蓉状的，则只适宜加入葱姜汁，否则会影响馅料的口感。

4.肉馅在加入各种调料后，应始终顺一个方向搅拌，让调料的味道充分渗透到肉料中，使馅料产生黏性，富有弹性，口感更好。

5.各种果仁的熟制可采用油炸、烤制或煮制的方法。油炸时用油要洁净，油温在二三成热为宜，不可过高，以免炸煳；烤制时要控制好烤箱温度，以烤至金黄焦脆为佳；煮制时应小火慢慢熬制，直至馅料变得黏稠。

6.制作甜馅时各种原料，特别是糖、油的用量，可根据具体品种而增减，如果所用原料含糖分大，可少加些糖；反之，则多加糖。馅料中如加有猪板油，则其他油脂要少加。

7.所选用的肉类原料必须新鲜、无异味、无血水、色泽美观，如猪瘦肉以色泽浅红为宜，猪肥膘肉以脊背或后臀的为好，虾仁要用未经碱涨发过的。

8.调制生肉菜馅，可打入水或掺入肉皮冻，这样馅料才能保持浓稠状，蒸熟后馅汁多而柔嫩，口感更佳。

主食加工，方法多样

　　米饭、香粥、面条、饺子等各种主食通过不同的加工能形成千变万化的风味，让人垂涎三尺。下面将向大家介绍各种加工方法。

　　炸： 炸是将食材放入油锅中，通过油传热的熟制方法将食材加工成熟的过程。炸制法的适用性比较广泛，几乎各类面团制品都可炸制，主要用于油酥面团、矾碱盐面团等制品。

　　烤： 烤是利于各种烤箱或烤炉把制品加热烤熟的方法。现今使用的烤炉款式较多，例如红外线辐射炉、微波炉等。烤制法主要用于各种膨松面团、油酥面团等做成的制品。

　　蒸： 蒸发酵制品的时候，如果使用不锈钢蒸锅，最好凉水上锅，大火烧开上汽后转中小火蒸，蒸的时间要根据面点制品的大小和类别适当调整。待面点蒸好关火后最好等3分钟再开盖，这样蒸出来的面点饱满膨松不回缩。主要用于蒸制馒头、花卷、包子等。

　　煎： 煎制法用油量比炸制要少，通常是用平底锅来操作。煎时用油量的多少，根据制品的不同要求而定，一般在锅底薄薄铺一层为宜。有的品种需油量较多，但以不超过制品厚度的一半为宜。煎法多用于馅饼、锅贴、煎包、煎饺等主食，分为油煎和水油煎两种。油煎法是把平底锅烧热后放油，均匀布满整个锅底，再把生坯摆入，先煎一面，煎到一定程度后翻面再煎另一面，煎至两面都呈金黄色、熟透即可。油煎法不宜盖锅盖。水油煎法是将锅上火后，在锅底抹少许油，烧热后将生坯从锅的外围整齐地码向中间，中火稍煎片刻，然后洒上几次清水或加入油、面粉、淀粉混合的水，每洒一次就盖紧锅盖，使水变成蒸汽将生坯焖熟。

　　烙： 烙是将成形的生坯摆放在平底锅中，架在炉火上，通过金属传热将生坯制熟。烙制法适用于水调面团、发酵面团、米粉面团、粉浆面团等制品。烙的方法可分为干烙、刷油烙和加水烙三种。干烙既不刷油也不洒水，直接将生坯放入烧热的平底锅内烙熟即可。刷油烙的方法和要点均与干烙相同，只是在烙的过程中，先要在锅底刷少许油（用油量比油煎法少），每翻动一次就刷一次，或者是直接在生坯表面刷少许油，同样翻动一面刷一次。加水烙的做法和水油煎法相似，都是利用锅底和蒸汽联合传热的熟制法。但水油煎法是在油煎后洒水焖熟，加水烙法则是在干烙以后洒水焖熟。加水烙在洒水前的做法和干烙完全一样，但只烙一面，将其烙成焦黄色即可。

　　煮： 煮是日常生活中常用的熟制方法，烹饪主食中常有煮面条、煮汤圆、煮饺子。煮面条的时候要等锅内水开后再放面，轻轻用筷子挑开防止粘连，鲜面条煮至浮起后再煮1~2分钟，挂面要再煮1~3分钟，具体根据面条的粗细、宽窄而定，意大利面煮开后要加盖煮7~10分钟。煮饺子要锅内水开后下锅，30秒以后用漏勺轻轻沿锅边推动饺子，直到所有的饺子浮起、饺子内充满气体的时候就可以捞出装盘了。需要注意的是饺子下锅后一定不能马上搅动，要等饺子皮定型后再轻轻搅动，这样煮出的饺子就很完整。

熬出一碗靓粥的秘诀

熬粥还不简单？不就是把米啊配料啊什么的全部放锅里煮吗！如果你这样认为，那你就大错特错了，熬粥还是很讲技巧的。

◎米要先泡水

淘净米后再浸泡一段时间，只有米吸收了充足水分，熬出的粥才会软糯，而且还比较省火，加入少许盐和香油，让粥的口感更香滑。

◎熬一锅高汤

我们经常认为养生粥馆或者饭馆的粥总比自己在家里做的多一点鲜味？最大的秘诀就是要先熬出一锅高汤。

高汤的做法：猪骨1000克，放入冷水锅中煮沸，除血水，捞出，洗净。另起锅放入足量清水煮沸，再放入猪骨、姜2片，转小火焖煮1小时关火即可。

◎煮一碗好吃的粥底

煮咸粥最重要的是要有一碗晶莹饱满、稠稀适度的粥底，这样才能衬托出添加到粥底中的食材的美味。

粥底的做法：大米100克洗净，放入1200毫升清水中，浸泡30分钟，捞出，沥干水分，锅中加入1500毫升高汤煮沸，加入洗净的大米大火煮沸，转小火熬煮约30分钟至米粒软烂黏稠即可。

◎水要加适量

要想熬出一碗靓粥，清水的用量一定要控制好，加入的清水量太多，则粥较稀；反之则太稠。因此，大家要根据自己的喜好，加入适量的清水，一般大米与水的比例如下所示：

稠粥=大米1杯+水15杯

稀粥=大米1杯+水20杯

一般来说，成人手掌抓1把大米约为25克，100克约是成人手掌的4把，做出的粥适合4个人食用。用普通锅煮粥，25克大米加375~500克水，煮至大米开花；如果是薏米、大麦米、高粱米、黑米等，用水量还要多些；如果用高压锅或沙锅煮粥，水可以少一些，约少100克。

◎ 掌握煮粥的火候

先用大火将水煮沸后，再赶紧转为小火，注意不要让粥汁溢出，再慢慢盖上盖，留缝，用小火煮。

◎ 搅拌更黏稠

"煮粥没有巧，三十六下搅"，就是在说明搅拌对煮粥的重要性。煮粥分两个阶段：第一阶段旺火煮沸时一定要用勺不断搅拌，将米粒间的热气释放出来，粥才不会煮的糊糊的，也可避免米粒粘锅；在第二阶段转文火慢熬时，就应减少翻搅，才不会将米粒搅散，让蒸锅粥变得浓稠。

◎ 哪些材料可以熬粥底

猪骨熬出的高汤，很适合搭配肉类入粥。鸡汤适合做海鲜粥。用柴鱼、海带及萝卜等根茎类熬成的高汤适合做栗子粥等日式风味的粥。

◎ 如何加料煮粥

注意加入材料的顺序，慢熟的要先放。如米和药材应先放，蔬菜、水果最后放。海鲜类要先焯烫，肉类拌淀粉后再入粥煮，可以让粥看起来清而不混浊。煮豆粥时，放米之前待豆子开锅兑入几次凉水，豆子受"冷热相激"几次后容易煮开花，之后再放米进去。

◎ 米饭煮粥

建议比例是1碗饭加4碗水，注意不可搅拌过度。胃寒的人建议用米饭放入沸水中煮粥，对胃有益。

◎ 防止溢锅

在熬粥时往锅里加5～6滴食用油，就可避免粥汁溢锅。用压力锅熬粥，先滴几滴食用油，开锅时就不会往外喷，比较安全。

◎ 底、料分煮

煮粥不可一股脑将所有食材全放在一起煮。应将粥底和料处理好后再搁一块熬煮片刻，且绝不超过10分钟。这样熬出的粥品清爽不浑浊，每样东西的味道都熬出来了又不串味。特别是辅料为肉类及海鲜时，更应粥底和辅料分开。

PART 2
米饭的
花样年华

米饭，是人们日常饮食中的主角之一。本章将带你领略米饭的花样风采。在这里，米饭不再是单一的白色调，它也可以是紫色的、黄色的、彩色的，多姿多彩；在这里，米饭不再局限于煮，米饭也可以蒸、可以炒、可以焖、可以拌，多种多样。每一款米饭都配有精美成品图和详细步骤图，如果还是担心做不出来，扫一扫二维码，制作视频可马上观看。马上行动起来，跟着我们来一场花样美食之旅吧。

做好米饭，米很重要

米饭是一种常见的主食，含有大量碳水化合物，约占79%，是热量的主要来源。其味甘淡，其性平和，每日食用，是滋补之物，具有护肤、健脾和胃、补中益、除烦渴、止泻痢的功效。

大米品种

按产地分，有湖南猫牙米、东北长粒香、东北圆粒香、东北小町米、五常稻花香、马坝油黏米、增城丝苗米、泰国香米、越光米、响水大米、盘锦大米、北大荒大米等多个品种。

大米选购

①看颜色：一是看新粳米色泽是否呈透明玉色状，未熟粒米可见青色（俗称青腰）；二是看新米"米眼睛"（胚芽部）的颜色是否呈乳白色或淡黄色，陈米则颜色较深或呈咖啡色。

②闻气味：新米有股浓浓的清香味，陈谷新轧的米少清香味，而存放一年以上的陈米，只有米糠味，没有清香味。

③尝味道：新米含水量较高，吃上一口感觉很松软，齿间留香；陈米则含水量较低，吃上一口感觉较硬。

大米清洗

清洗大米的时候不要搓洗，否则会破坏表皮的维生素B_1。只需要用水冲洗2遍即可。

木瓜蔬果蒸饭

▌烹饪时间：47分钟　▌份量：2人

🌶 原料

木瓜700克，水发大米70克，水发黑米70克，胡萝卜丁30克，葡萄干25克，青豆30克

🍲 调料

盐3克，食用油适量

🍴 做法

❶将木瓜雕刻成一个木瓜盖和盅，挖去内籽及木瓜肉。

❷木瓜肉切成小块。

❸加黑米、大米、青豆、胡萝卜、木瓜、葡萄干、食用油、盐。

❹注入适量清水，拌匀待用。

❺加入清水烧开，放入木瓜盅，加盖，大火蒸至食材熟软。

❻揭盖，关火后取出木瓜盅，打开木瓜盖即可。

制作指导

木瓜的籽一定要弄得很干净，不然会有苦味。

❶取一个碗倒入泡发好的大麦、糙米。

❷倒入适量清水，搅拌匀。

❸蒸锅上火烧开，放入食材。

❹盖上锅盖，中火蒸40分钟至熟。

❺掀开锅盖，将米饭取出即可。

大麦糙米饭

▌烹饪时间：40分钟　▌份量：2人

🌶 原料

水发大麦200克，水发糙米160克

制作指导

煮饭中途可以多搅动，以免煳锅。

大麦杂粮饭

| 烹饪时间：62分钟 | 份量：2人 |

🌶 原料

水发大麦100克，水发薏米50克，水发燕麦50克，水发红豆50克，水发绿豆50克，水发小米50克

🍴 做法

❶取一碗，倒入绿豆、燕麦、大麦。

❷加入薏米、红豆、小米，拌匀。

❸蒸锅中注入清水烧开，放上杂粮饭。

❹加盖，大火蒸1小时至食材熟透。

❺揭盖，关火后取出蒸好的杂粮饭。

❻待凉即可食用。

制作指导

可以根据自己的喜好，往里加入白糖或盐调味。

豆干肉丁软饭

| 烹饪时间：3分钟 | 份量：2人

🌶️ 原料

豆腐干50克，瘦肉65克，软饭150克，葱花少许

🍲 调料

盐少许，鸡粉2克，生抽4毫升，水淀粉3毫升，料酒2毫升，黑芝麻油2克，食用油适量

🍴 做法

①将洗好的豆腐干切成丁；洗净的瘦肉切成丁。

②瘦肉放盐、鸡粉、水淀粉、食用油，拌匀，腌渍10分钟。

③用油起锅，倒入肉丁，翻炒至转色。

④放入豆腐干，翻炒均匀。

⑤淋入料酒，炒香。

⑥加入生抽，炒匀，倒入软饭，拍松散。

⑦放入葱花，炒匀。

⑧加入黑芝麻油炒匀，盛出即可。

西红柿饭卷

| 烹饪时间：3分钟 | 份量：3人 |

🌶 原料

米饭120克，黄瓜皮25克，奶酪30克，西红柿65克，鸡蛋1个，葱花少许

🍲 调料

盐3克，番茄酱、食用油各少许

制作指导

炒米饭的时间不可过长，以免过于软烂，影响口感。

🍴 做法

❶ 锅中加入清水烧开，放入西红柿，煮至表皮破裂，捞出。

❷ 把西红柿、黄瓜皮、奶酪切好；鸡蛋中加入盐，调成蛋液。

❸ 锅烧热，倒西红柿、奶酪、清水、盐、番茄酱、米饭、葱花拌匀。

❹ 煎锅刷上食用油，倒入蛋液，煎成蛋皮，平铺在案板上。

❺ 放上炒好的馅料，加入黄瓜条，制成蛋卷，切小段。

奶香红豆燕麦饭

▌烹饪时间：41分钟 ▌份量：2人

🌶 原料

红豆50克，燕麦仁50克，糙米50克，巴旦木仁20克，牛奶300毫升

🍴 做法

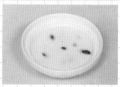

❶把准备好的红豆、燕麦、糙米装入碗中，混合均匀。

❷倒入适量清水，淘洗干净。

❸倒掉淘洗的水，加入牛奶。

❹放入巴旦木仁。

❺将装有食材的碗放入烧开的蒸锅中。

❻盖上盖，用中火蒸40分钟，至食材完全熟透即可。

制作指导

红豆和燕麦都不易熟透，可提前用水浸泡至涨开，这样可以节省烹饪时间。

豆角咸肉焖饭

烹饪时间：32分钟 **份量：2人**

原料

水发大米220克，豆角120克，咸肉65克

制作指导

咸肉可用清水多冲洗几次，能减轻其咸味。

做法

❶洗净的豆角切碎。

❷洗好的咸肉切片，再切条形，改切成丁，备用。

❸将高压锅置火上，倒入洗净的大米。

❹放入切好的食材，搅散、铺匀，再注入适量清水。

❺盖上盖子，用中小火煮约30分钟，至食材熟透即成。

腊肠饭

■ 烹饪时间：42分钟 ■ 份量：2人

🌶 原料

水发大米270克，腊肠85克，葱花少许

🍴 做法

❶将洗净的腊肠用斜刀切片，备用。

❷取一个蒸碗，倒入洗净的大米。

❸注入适量清水，把米粒摊开。

❹蒸锅上火烧开，放入蒸碗。

❺盖上盖，蒸约25分钟，至米粒变软。

❻揭盖，取出蒸碗，摆上切好的腊肠。

❼再把蒸碗放入蒸锅中，盖上锅盖，用中火蒸至食材熟透。

❽取出蒸碗，趁热撒上葱花即成。

海鲜炖饭

▍烹饪时间：28分钟 ▍份量：2人

🌶 原料

鱿鱼70克，虾仁85克，蛤蜊肉60克，彩椒40克，洋葱50克，黄瓜75克，水发大米170克，奶油30克，高汤300毫升

制作指导

翻炒海鲜时加入料酒，可减轻海鲜的腥味。

🍴 做法

❶彩椒切粒；洗好的黄瓜切小丁块；洗净的洋葱切丁；处理好的鱿鱼切小丁块。

❷砂锅置于火上，倒入奶油，炒至融化。

❸倒入鱿鱼、虾仁、蛤蜊肉，炒匀。

❹放入洋葱，炒匀炒香；倒入大米、高汤、彩椒、黄瓜，摊开铺匀。

❺煮约25分钟至食材熟透，拌匀，盛出煮好的米饭即可。

荷叶糯米鸡腿饭

烹饪时间：38分钟 **份量：2人**

🌶 原料

鸡腿180克，水发香菇55克，水发糯米185克，干贝碎12克，干荷叶适量

🍲 调料

盐、鸡粉各2克，胡椒粉少许，生抽3毫升，料酒4毫升，芝麻油、食用油各适量

🍴 做法

❶把鸡腿切丁；香菇切小块；干荷叶修齐边缘。

❷用油起锅，放入肉丁，炒至其变色。

❸加入生抽、料酒、香菇丁、干贝碎、鸡粉、盐、胡椒粉、芝麻油。

❹取干荷叶，平放在案板上，倒入洗净的糯米。

❺再盛入锅中炒好的材料，铺开，拌匀。

❻放在蒸盘中，制成荷叶包，蒸锅上火烧开，放入蒸盘。

❼蒸约35分钟，至米粒熟透。

❽将盛出蒸熟的米饭，食用时打开荷叶包即可。

做法

❶砂锅中注入适量清水，用大火烧热。

❷倒入红豆、大米，搅拌均匀，放入洗好的玉米粒，拌匀。

❸盖上锅盖，烧开后用小火煮约30分钟至食材熟软。

❹揭开锅盖，关火后盛出煮好的饭即可。

红豆玉米饭

▌烹饪时间：31分钟　▌份量：2人

原料

鲜玉米粒85克，水发红豆75克，水发大米200克

制作指导

红豆要充分泡发后再焖煮，口感会更好。

做法

① 将去皮洗净的红薯切片，再切条形，改切丁。

② 锅中注入适量清水烧热，倒入洗净的糙米，拌匀。

③ 盖盖，烧开后转小火煮约40分钟，至米粒变软。

④ 揭盖，倒入红薯丁，搅散、拌匀。

⑤ 再盖盖，用中小火煮约15分钟，至食材熟透，盛在碗中，稍微冷却后食用即可。

红薯糙米饭

▌烹饪时间：57分钟　▌份量：2人

🌶 **原料**

水发糙米220克，红薯150克

制作指导

食用时若加入少许白糖，口感会更佳。

红薯核桃饭

烹饪时间：40分钟 ┃ 份量：2人

🌶️ 原料

红薯80克，胡萝卜95克，水发大米120
克，海带汤300毫升，核桃粉适量

🍴 做法

❶洗净去皮的胡萝卜切粒。

❷洗好去皮的红薯切成丁。

❸砂锅中注入清水烧开，倒入海带汤。

❹放入大米、红薯、胡萝卜，拌匀。

❺盖上锅盖，煮约20分钟至食材熟软。

❻揭开盖，撒上核桃粉，搅匀。

❼盖上锅盖，续煮约15分钟至食材熟透。

❽揭开锅盖，搅拌片刻，将煮好的饭盛出，装入碗中即可。

黄米大枣饭

烹饪时间：1小时 | 份量：3人

 原料

水发黄米180克，红枣25克，红糖50克

 做法

①洗净的红枣切去核，把枣肉切小块。

②洗好的黄米倒入碗中，倒入枣肉。

③放入部分红糖，混合均匀。

④将混合好的食材转入另一个碗中，撒上剩余的红糖。

⑤加入清水，备用。

⑥将备好的食材放入烧开的蒸锅中。

⑦盖上盖，用中火蒸1小时，至食材熟透。

⑧揭开盖，取出蒸好的米饭即可。

❶腊肠切丁，洗净的红薯切丁。

❷砂锅注水，倒入泡好的大米。

❸放入腊肠、红薯。

❹加入盐、食用油。

红薯腊肠焖饭

▌烹饪时间：22分钟　▌份量：2人

🌶 原料

水发大米300克，腊肠80克，去皮红薯350克，葱花少许

🍲 调料

盐1克，食用油适量

制作指导

腊肠切好后可汆煮一会儿再用，这样能去除多余的油脂。

❺拌匀食材，焖20分钟至熟软，盛出焖饭，装碗，撒上葱花即可。

❶将火腿切粒；洗净的洋葱切粒。

❷锅中注入清水烧开，倒入洗净的青豆，煮3分钟至熟，捞出，备用。

❸用油起锅，倒入洋葱，炒匀。

❹加入火腿，放入煮好的青豆。

❺倒入高汤，放入软饭，加入盐，炒匀，将锅中材料盛出装碗即可。

火腿青豆焖饭

▌烹饪时间：2分钟 ▌份量：2人

🌶 原料

火腿45克，青豆40克，洋葱20克，高汤200毫升，软饭180克

🍲 调料

盐少许，食用油适量

制作指导

高汤不要加太多，以免掩盖火腿、青豆等食材本身的味道。

鸡肉布丁饭

▌烹饪时间：12分钟 ▌份量：2人

🌶 原料

鸡胸肉40克，胡萝卜30克，鸡蛋1个，芹菜20克，软饭150克，牛奶100毫升

🍴 做法

❶ 将鸡蛋打入碗中，打散，调匀。

❷ 洗好的胡萝卜切粒；洗净的芹菜切粒；鸡胸肉切粒。

❸ 将米饭倒入碗中，再放入牛奶，拌匀。

❹ 加入蛋液、鸡肉丁、胡萝卜、芹菜，拌匀。

❺ 将加工好的米饭放入烧开的蒸锅中。

❻ 蒸10分钟至熟。

❼ 揭盖，把蒸好的米饭取出。

❽ 待稍微冷却后即可食用。

鸡肉丝炒软饭

烹饪时间：2分钟 ┃ 份量：2人

原料

鸡胸肉80克，软饭120克，葱花少许

调料

盐2克，鸡粉2克，水淀粉2毫升，生抽2毫升，食用油适量

做法

①将洗净的鸡胸肉切成丝。

②放入盐、水淀粉、食用油，拌匀，腌渍10分钟。

③用油起锅，倒入鸡肉丝，翻炒至转色。

④加入清水，搅匀，煮沸。

⑤在锅中加入生抽、鸡粉、盐。

⑥倒入软饭，炒匀。

⑦快速将其翻炒松散，使米饭入味。

⑧放入葱花，炒匀，将炒好的米饭盛入碗中即可。

鸡肉花生汤饭

▌烹饪时间：2分钟 ▌份量：3人

🌶 原料

鸡胸肉50克，上海青、秀珍菇各少许，软饭190克，鸡汤200毫升，花生粉35克

🍲 调料

盐2克，食用油少许

制作指导

花生粉沾水后比较黏，所以撒上花生粉后要快速地拌匀，以免造成其凝成团。

🍴 做法

❶鸡胸肉切肉丁；洗好的秀珍菇切粒；洗净的上海青切小块。

❷用油起锅，倒入鸡肉丁，翻炒几下至其松散、变色。

❸下入上海青、秀珍菇，炒至断生，倒入鸡汤，拌匀。

❹加入盐，拌匀调味，略煮片刻，待汤汁沸腾后倒入软饭。

❺撒上花生粉，煮至溶化，盛出煮好的汤饭，装在碗中即成。

鸡汤菌菇焖饭

烹饪时间：24分钟 | **份量：2人**

🌶️ 原料

水发大米260克，蟹味菇100克，杏鲍菇35克，洋葱40克，水发猴头菇50克，黄油30克，蒜末少许

🍲 调料

盐2克，鸡粉少许

🍴 做法

❶洋葱切碎；杏鲍菇切丁；蟹味菇切小段；猴头菇切小块。

❷煎锅置火上烧热，放入黄油，拌匀，至其溶化。

❸撒上蒜末，炒出香味，放入洋葱末，炒至变软。

❹倒入蟹味菇、猴头菇、杏鲍菇、清水、盐、鸡粉，炒匀。

❺取高压锅，倒入大米，注入清水，放入酱菜，拌匀。

❻煮约20分钟，至食材熟透，盛出焖熟的米饭，装碗中即可。

制作指导

高压锅中加入的水不宜太多，以免米饭太稀，影响口感。

金沙咸蛋饭

▎烹饪时间：5分钟 ▎份量：2人

🌶️ 原料

冷米饭180克，咸鸭蛋1个，鸡蛋1
个，去皮胡萝卜60克，玉米粒65克，
葱花少许

🍲 调料

盐、鸡粉各2克，食用油适量

制作指导

咸鸭蛋里有咸味，可适
当放盐，不要放多。

🍴 做法

❶ 胡萝卜切丁；取
碗，打入鸭蛋清，将
鸡蛋打入鸭蛋清。

❷ 锅中注入清水，倒
入玉米粒，焯煮片
刻，捞出沥干。

❸ 用油起锅，倒入蛋
液，盛入碗中。

❹ 倒入咸鸭蛋黄、玉
米粒、胡萝卜丁、米
饭，炒约2分钟至熟。

❺ 倒入蛋碎、盐、鸡
粉、葱花，盛出炒好
的米饭，装碗即可。

香菇鸡肉烩饭

烹饪时间：4分钟 | 份量：2人

🌶 原料

鸡胸肉60克，香菇20克，胡萝卜40克，冷米饭160克，葱花少许

🍲 调料

盐、鸡粉各4克，料酒4毫升，水淀粉、食用油各适量

🍴 做法

❶鸡胸肉切丁；洗好的香菇去蒂，切丁；胡萝卜切成丁。

❷鸡肉加盐、鸡粉、水淀粉、食用油，腌渍约10分钟。

❸锅中注入清水，倒入胡萝卜、香菇，煮约1分钟，捞出。

❹用油起锅，倒入鸡肉丁，炒至变色。

❺倒入焯好的材料，淋入料酒，炒匀。

❻加入鸡粉、盐，注入少许清水，略煮。

❼倒入米饭，炒至松散，至米饭变软。

❽撒上葱花，炒出香味，淋入芝麻油，炒匀即可。

❶将洗净的苦瓜去除瓜瓤，切小丁。

❷锅中注入清水烧开，倒入苦瓜丁，拌匀，煮约半分钟，捞出沥干。

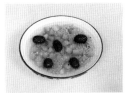

❸碗中倒入洗净的糙米、苦瓜，注入清水，放入红枣。

❹蒸锅上火烧开，放入蒸碗。

❺蒸约40分钟，至食材熟透，取出蒸熟的糙米饭，待稍微冷却后即可食用。

苦瓜糙米饭

▎烹饪时间：42分钟 ▎份量：2人

 原料

水发糙米170克，苦瓜120克，红枣20克

制作指导

糙米较硬，注入的清水要多一些，这样能改善米饭的口感。

✕ 做法

❶ 将腊肉切片；洗净的秋葵切丁。

❷ 锅中注入清水烧开，放入腊肉片、秋葵，焯煮至断生，捞出，沥干水分。

❸ 用油起锅，放入姜片，爆香。

❹ 倒入腊肉片和秋葵，炒匀。

❺ 放盐、鸡粉，炒匀，将炒好的腊肉和秋葵盛出，放在热米饭上即可。

腊肉炒秋葵饭

▌烹饪时间：2分钟 ▌份量：3人

🌶 原料

热米饭270克，腊肉100克，秋葵200克，姜片少许

🍲 调料

盐2克，鸡粉2克，食用油适量

制作指导

宜用放凉后的米饭，这样米饭炒好后是一粒粒的，口感会更好。

腊味南瓜饭

┃烹饪时间：3分钟 ┃份量：2人

🌶 原料

南瓜100克，腊肠80克，腊肉60克，米饭200克，葱丝少许

🍲 调料

盐2克，鸡粉2克，生抽3毫升，食用油适量

🍴 做法

❶将洗净去皮的南瓜切丁；腊肉切丁；腊肠切片。

❷用油起锅，放入腊肠，炒香。

❸将腊肠盛出。

❹再倒入南瓜、腊肉，炒匀。

❺倒入米饭，炒匀。

❻加少许清水，放盐、鸡粉，炒匀。

❼盖上盖子，中火焖1分钟。

❽放生抽，将南瓜腊肉饭盛出，放上腊肠，撒上葱丝即可。

南瓜拌饭

烹饪时间：22分钟 ┃ 份量：2人

🌶 **原料**

南瓜90克，芥菜叶60克，水发大米150克

🍲 **调料**

盐少许

🍴 **做法**

①把去皮洗净的南瓜切粒；洗好的芥菜切成粒。

②将大米倒入碗中，加入清水。

③把南瓜放入碗中，备用。

④分别将装有大米、南瓜的碗放入烧开的蒸锅中。

⑤蒸20分钟至食材熟透，把蒸好的大米和南瓜取出待用。

⑥汤锅中注入清水烧开，放入芥菜。

⑦放入蒸好的南瓜，拌匀。

⑧在锅中加入盐，将煮好的食材盛出，装入碗中即成。

做法

❶洗净的茄子切块，油炸，至微黄色，捞出，沥干油分。

❷另起锅注油，倒入肉末，炒拌至转色。

❸加入蒜末、姜末、豆瓣酱，翻炒均匀。

❹加入生抽、清水、鸡粉、白糖、水淀粉、茄子，炒至食材入味，浇在米饭上。

❺另起锅注油，倒入花椒，盛出炸好的花椒油，放葱白即可。

麻婆茄子饭

▎烹饪时间：5分钟 ▎份量：2人

🌶 原料

茄子200克，米饭500克，肉末200克，姜末、蒜末、葱白各少许，豆瓣酱20克，花椒15克

🍲 调料

鸡粉、白糖各1克，生抽、水淀粉各5毫升，食用油适量

制作指导

炸好的花椒油最好捞出花椒，再淋在菜肴上，以便保持口感。

✗ 做法

❶将洗净的香菇切丁；洗好的彩椒切丁；培根切粒。

❷香菇、彩椒焯水，捞出，待用。

❸用油起锅，放入培根，炒出香味；下入香菇和彩椒，炒匀。

❹倒入米饭，翻炒匀至散出香味。

❺加入生抽、盐，放入葱花，炒匀，将炒好的米饭盛出，装入碗中即可。

培根炒软饭

▌烹饪时间：2分钟 ▌份量：2人

🌶 原料

培根45克，鲜香菇25克，彩椒70克，米饭160克，葱花少许

🍲 调料

盐少许，生抽2毫升，食用油适量

制作指导

培根加热后会出油，炒制时食用油可少放些。培根本身有咸味，可少放点盐。

泡菜拌饭

| 烹饪时间：2分钟 | 份量：2人 |

原料

包菜30克，胡萝卜15克，圆椒10克，酸菜35克，熟米饭160克，白芝麻少许

调料

盐、鸡粉各2克，辣椒酱5克，生抽4毫升，食用油少许

做法

① 圆椒切丁；胡萝卜切丁；把酸菜切碎；洗净的包菜切碎末。

② 锅中注入清水烧开，加入盐，倒入切好的材料，拌匀。

③ 煮至食材断生，捞出，沥干水分。

④ 用油起锅，倒入焯过水的材料，炒匀。

⑤ 加入辣椒酱、生抽、鸡粉、盐，炒匀炒香。

⑥ 放入米饭、白芝麻，盛出炒好的米饭即可。

制作指导

米饭要多翻炒几下，口感更松爽。

肉羹饭

烹饪时间：3分钟　｜份量：2人

原料

鸡蛋1个，黄瓜40克，胡萝卜25克，瘦肉30克，米饭130克，葱花少许

调料

鸡粉2克，盐少许，水淀粉5毫升，料酒2毫升，芝麻油2毫升，食用油适量

做法

❶取一干净碗，装入米饭。

❷将黄瓜切丝；洗好的胡萝卜切丝；洗净的瘦肉剁成肉末。

❸鸡蛋打入碗中，用筷子打散调匀。

❹用油起锅，倒入肉末，加料酒，炒香，倒入清水烧开。

❺放入胡萝卜、黄瓜、鸡粉、盐、水淀粉、芝麻油，拌匀。

❻加入蛋液、葱花，拌匀，将煮好的材料盛入热米饭上即可。

制作指导

勾芡时，水淀粉不要倒入太多，以免汤汁过于浓稠，影响成品口感和外观。

① 沸水锅中倒入备好的火腿丝、海米。

② 煮1分钟至其熟软。

③ 放入米饭，加入洗净的小白菜。

④ 煮至食材熟透。

青菜烫饭

▌烹饪时间：3分钟　▌份量：2人

🌶 原料

米饭150克，火腿丝15克，海米15克，小白菜25克

制作指导

可以依个人喜好，加入少许盐调味。

⑤ 盛出煮好的食材，装入碗中即可。

🍴 做法

❶ 将洗净的西红柿切小瓣，切丁；洗净的香菇切小丁块。

❷ 用油起锅，倒入肉末，炒至转色。

❸ 再放入西红柿、香菇，炒匀、炒香。

❹ 倒入备好的软饭，炒散、炒透。

❺ 撒上葱花，炒出葱香味；调入盐，炒匀，盛在碗中即成。

什锦炒软饭

▌烹饪时间：3分钟　▌份量：2人

🌶 原料

西红柿60克，鲜香菇25克，肉末45克，软饭200克，葱花少许

🍲 调料

盐少许，食用油适量

制作指导

撒上葱花后要用中火快速炒几下，这样既可使葱散发出香味，又能保有其脆嫩的口感。

砂锅饭

烹饪时间：23分钟 ┃ 份量：2人

🌶 原料

水发大米200克，豆腐皮85克，培根55克，腊肠70克，荷兰豆40克

🍲 调料

盐、鸡粉各2克，食用油适量

🍴 做法

❶ 将腊肠斜刀切片；豆腐皮切粗丝；洗净的培根切长段。

❷ 锅中注入清水烧开，倒入荷兰豆。

❸ 煮约1分钟，至断生后捞出，沥干水分。

❹ 沸水锅中倒入豆皮丝，搅散，焯煮一小会儿。

❺ 去除豆腥味，再捞出，沥干水分。

❻ 砂锅中注入清水烧热，倒入洗净的大米，搅散。

❼ 煮约20分钟，至米粒熟软，砂锅放一旁待用。

❽ 将食材炒熟，放盐、鸡粉调味，盛出放在米饭上即可。

生炒糯米饭

烹饪时间：3分钟 ▌**份量：2人**

🌶️ 原料

熟糯米230克，虾皮20克，洋葱35克，腊肠65克，水发香菇55克，香菜末少许

🍲 调料

盐少许，鸡粉2克，食用油适量

🍴 做法

❶香菇切粗丝；洗好的洋葱切小块；洗净的腊肠斜刀切片。

❷用油起锅，倒入香菇丝，炒匀炒香，放入腊肠片。

❸炒匀，倒入洋葱，炒一会儿，撒上备好的虾皮。

❹放入熟糯米，炒至均匀。

❺加入少许盐、鸡粉，拌匀。

❻撒上香菜末，盛入锅中的米饭，倒扣在盘中，摆好盘即可。

制作指导

炒米饭时，可加入少许清水，这样更容易炒散。

❶将去皮胡萝卜切粒；去皮的土豆切丁；猪肝剁成细末。

❷鸡蛋打入碗中，搅散，制成蛋液。

❸油锅烧热，倒入猪肝、土豆丁炒熟，撒入胡萝卜粒，炒匀。

❹注入清水，加盐、鸡粉、青豆，煮约8分钟至食材熟软。

❺倒入米饭，淋入蛋液，撒上葱花炒香，盛在碗中即成。

什锦煨饭

▌烹饪时间：11分钟 ▌份量：2人

🌶 原料

鸡蛋1个，土豆、胡萝卜各35克，青豆40克，猪肝40克，米饭150克，葱花少许

🍲 调料

盐2克，鸡粉少许，食用油适量

制作指导

米饭最好保留少量的水分，这样煨好的米饭口感更松软。

❶ 将去皮的竹笋切小块；洗好的彩椒切小块；将咸肉切小块。

❷ 锅中注入清水，倒入竹笋、料酒、豌豆，煮至断生。

❸ 砂锅置于火上，加入食用油、咸肉、料酒，拌匀。

❹ 放入豌豆、竹笋、鸡粉，炒匀。

❺ 加入清水、大米，拌匀，煮30分钟，放入彩椒，焖5分钟，盛出豌豆饭即可。

豌豆饭

▌烹饪时间：38分钟 ▌份量：2人

🌶 原料

水发大米160克，豌豆120克，竹笋100克，咸肉200克，彩椒15克

🍲 调料

鸡粉2克，料酒、食用油各适量

制作指导

豌豆应焯煮熟透，这样有利于营养物质的消化吸收。

天麻鸡肉饭

烹饪时间：35分钟 ┃ 份量：2人

原料

水发大米250克，鸡胸肉120克，竹笋30克，胡萝卜45克，水发天麻10克

调料

盐1克，鸡粉1克，料酒6毫升，水淀粉7毫升，食用油适量

做法

❶胡萝卜切丁；竹笋切小块；鸡胸肉切小丁块；天麻切小块。

❷鸡肉加盐、鸡粉、料酒、水淀粉、食用油，腌渍约15分钟。

❸锅中注入清水，倒入竹笋，拌匀。

❹放入胡萝卜，煮至断生，倒入鸡肉丁、焯过水的材料。

❺砂锅中注入清水烧热，倒入大米、天麻，拌匀。

❻盖上盖，烧开后用小火煮约15分钟。

❼揭开盖，倒入酱菜，铺平。

❽煮约15分钟至熟，拌匀，盛出煮好的鸡肉饭即可。

✕ 做法

❶ 腊肠斜刀切片；在洗净的西红柿底部划上十字刀。

❷ 锅中注水烧开，放入西红柿，煮一会，剥去外皮，切小瓣。

❸ 砂锅注水，倒入泡好的大米，拌匀，续煮20分钟至熟软。

❹ 揭盖，倒入西红柿、腊肠，铺匀。

❺ 加入食用油、盐，焖5分钟至熟软，盛出焖饭，装在小砂锅中，撒上葱花即可。

西红柿腊肠煲仔饭

▎烹饪时间：27分钟 ▎份量：2人

🌶 原料

西红柿200克，腊肠100克，水发大米300克，葱花少许

🍲 调料

盐1克，食用油适量

制作指导

可用生抽代替盐，味道更好也更美观。

五彩果醋蛋饭

烹饪时间：4分钟 | 份量：2人

🌶 原料

莴笋80克，圣女果70克，鲜玉米粒65克，鸡蛋1个，米饭200克，葱花少许

🍲 调料

盐4克，凉拌醋25毫升，冰糖30克，食用油适量

🍴 做法

❶将洗净去皮的莴笋切丁；洗好的圣女果切成两半。

❷将鸡蛋打入碗中，调匀。

❸锅中注水烧开，加入盐、食用油、玉米粒、莴笋，炒熟。

❹锅中注入清水，放入冰糖、凉拌醋、盐，煮好盛出。

❺用油起锅，倒入蛋液，翻炒至熟，将炒好的鸡蛋盛出。

❻锅底留油，倒入米饭，炒出香味。

❼倒入玉米粒、莴笋、鸡蛋，炒匀。

❽加入圣女果、味汁，将炒好的米饭盛出，放上葱花即成。

洋葱三文鱼炖饭

烹饪时间：31分钟 **份量：2人**

🌶️ 原料

水发大米100克，三文鱼70克，西蓝花95克，洋葱40克

🍲 调料

料酒4毫升，食用油适量

🍴 做法

① 洋葱切小块；三文鱼肉切丁；洗好的西蓝花切小朵。

② 砂锅置于火上，淋入食用油烧热。

③ 倒入洋葱，放入三文鱼，炒片刻。

④ 加入料酒、清水，煮沸。

⑤ 放入大米，拌匀，煮约20分钟。

⑥ 倒入西蓝花，煮约10分钟至食材熟透，盛出煮好的米饭。

制作指导

三文鱼不宜切得太小，否则容易煮碎。

鲜蔬牛肉饭

▌烹饪时间：2分钟　▌份量：2人

🌶 原料

软饭、牛肉、胡萝卜、西蓝花、洋葱、小油菜各适量

🍲 调料

盐3克，鸡粉2克，生抽5毫升，水淀粉、食用油各适量

制作指导

选用的软饭最好是含水分较少的，以免炒制时黏在一起，不易入味。

🍴 做法

❶小油菜切段；胡萝卜切片；洋葱切块；洗好的西蓝花切朵。

❷牛肉切片，放生抽、鸡粉、水淀粉、食用油，拌匀腌渍。

❸胡萝卜、西蓝花、小油菜焯水，捞出，沥干水分。

❹倒入牛肉片、洋葱、软饭，炒使米粒散开。

❺加入生抽、盐、鸡粉，下入焯过水的食材，炒熟即成。

✂ 做法

❶砂锅置火上，倒入洗好的黑豆、红豆、薏米。

❷倒入洗净的燕麦、绿豆、大米，搅拌均匀，注入适量清水。

❸盖上盖，用大火煮开后转小火煮1小时。

❹关火后端下砂锅，放凉，在将白糖加入白芝麻中，搅拌匀。

❺取杂粮饭，捏成饭团，在饭团上撒上拌好的白芝麻即可。

多彩豆饭团

▌烹饪时间：65分钟 ▌份量：1人

🌶 原料

水发大米100克，水发绿豆100克，水发燕麦100克，水发黑豆100克，水发红豆100克，水发薏米100克，白芝麻少许

🍲 调料

白糖适量

制作指导

食材最好完全泡发后再煮，这样口感会更好。

彩色饭团

| 烹饪时间：3分钟 | 份量：3人

🌶 原料

草鱼肉120克，黄瓜60克，胡萝卜80克，米饭150克，黑芝麻少许

🍲 调料

盐2克，鸡粉1克，芝麻油7毫升，水淀粉、食用油各适量

🍴 做法

①胡萝卜切粒；洗好的黄瓜切粒；洗净的鱼肉切丁。

②炒锅置于火上，倒入黑芝麻，炒香，盛出炒好的黑芝麻。

③加入盐、鸡粉、水淀粉、食用油，拌匀，腌渍约10分钟。

④锅中注入清水，加入盐、食用油。

⑤倒入胡萝卜，拌匀，煮约半分钟。

⑥放入黄瓜，煮至断生，倒入鱼肉，煮至变色，捞出。

⑦倒入米饭，放入焯煮的食材，加入盐、芝麻油、黑芝麻。

⑧把拌好的米饭做成小饭团，最后装入盘中即可。

红米海苔肉松饭团

烹饪时间：32分钟 | 份量：1人

原料

水发红米175克，水发大米160克，肉松30克，海苔适量

做法

① 取蒸碗，倒入洗净的红米、大米，注入适量清水，待用。

② 将海苔切粗丝。

③ 蒸锅上火烧开，放入蒸碗。

④ 盖上盖，蒸约30分钟，至食材熟软。

⑤ 关火后揭盖，取出蒸好的米饭，放凉。

⑥ 取保鲜膜铺开，倒入放凉的米饭。

⑦ 撒上适量海苔丝，拌匀，再倒入备好的肉松。

⑧ 分成两份，搓成饭团，系上海苔丝，放入盘中即成。

五色健康炒饭

| 烹饪时间：3分钟 | 份量：2人

原料

冷米饭200克，玉米粒、豌豆各15克，土豆35克，胡萝卜25克，香菇10克，葱花少许

调料

盐3克，鸡粉2克，芝麻油、食用油各适量

制作指导

在炒之前先将米饭压松散，这样可节省时间，也更易炒香。

做法

❶胡萝卜、土豆切成丁；洗净的香菇去除根部，切成小丁块。

❷香菇、胡萝卜、土豆、豌豆、玉米粒焯水，捞出待用。

❸用油起锅，倒入备好的米饭，炒松散。

❹放入焯过水的食材，炒至食材熟透。

❺加入盐、鸡粉，撒上葱花，淋入芝麻油，炒出香味即可。

三色饭团

| 烹饪时间：2分钟 | 份量：1人

原料

菠菜45克，胡萝卜35克，冷米饭90克，
熟蛋黄25克

做法

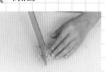

❶熟蛋黄切碎，碾成末；洗净的胡萝卜切成粒。

❷锅中注入清水，倒入洗净的菠菜，拌匀，煮至变软。

❸捞出菠菜，沥干水分，放凉待用。

❹沸水锅中放入胡萝卜，焯煮一会儿。

❺捞出胡萝卜，沥干水分，待用。

❻将放凉的菠菜切开，待用。

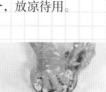

❼取碗，倒入米饭、菠菜、胡萝卜、蛋黄，拌至其有黏性。

❽将拌好的米饭制成饭团，放入盘中，摆好即可。

PART 3

浓稠香粥，
吃不够

中国人食粥的历史由来已久，最早见于《周书》记载：黄帝始烹谷为粥。粥也是日常主食之一，容易消化，能健脾养胃，促进身体新陈代谢。南宋著名诗人陆游极力推荐食粥养生，认为能延年益寿，曾作《粥食》诗一首："世人个个学长年，不悟长年在目前，我得宛丘平易法，只将食粥致神仙。"本章介绍了多款粥品，除了传统的大米粥，还有小米、黑米、黄米、燕麦等各种杂粮豆粥，不仅美味，还有很好的滋补功效，实在是不容错过。

熬好粥，选对米

粥是最能滋补身体的食物了。寒冬腊月，喝一碗羊肉粥能温肾暖身，暑热难耐，喝一碗绿豆粥能祛暑清热，早上一碗皮蛋瘦肉粥营养丰富，晚上一碗小米山药粥健脾养胃。粥最能容纳各种食材，使各种食材发挥不同的功效。而粥的主角，则是各种谷物。

大米味甘淡，性平和，富含维生素、谷维素、花青素等营养成分，煮成粥食用尤其具有护肤补水的功效，还能健脾和胃、补中益气。

小米是中国北方人最喜爱的主要粮食之一，因富含维生素B_1、维生素B_{12}等，具有防止消化不良及口角生疮的功效，小米还具有滋阴养血、减轻皱纹的功效。

在美国《时代》杂志评出的十大健康食品中，燕麦名列第五。燕麦中含有极其丰富的亚油酸，对脂肪肝、糖尿病、浮肿、便秘等有辅助疗效，对老年人增强体力、延年益寿也是大有裨益的。燕麦含有的钙、磷、铁、锌等矿物质，有预防骨质疏松、促进伤口愈合、防止贫血的功效，是补钙佳品。

玉米是全世界公认的"黄金作物"。中医认为，玉米有开胃益智、宁心活血、调理中气等功效。玉米富含维生素，常食可促进肠胃蠕动，加速有毒物质的排泄。

糯米米质呈蜡白色不透明或透明状，是大米中黏性最强的。糯米富含B族维生素，具有美容养颜的功效。糯米性甘平，能温暖脾胃，补益中气，对脾胃虚寒、食欲不佳、腹胀腹泻有一定缓解作用。糯米有收涩作用，对尿频、盗汗有较好的食疗效果。

阿胶枸杞小米粥

烹饪时间：65分钟 | **份量：2人**

🌶 原料

小米500克，枸杞8克，阿胶15克，红糖
20克

🍴 做法

①砂锅中注入适量清水烧热，倒入小米，拌匀。

②盖上盖，用大火煮开后转小火续煮1小时至小米熟软。

③揭盖，放入洗好的枸杞，拌匀。

④倒入阿胶，搅拌匀，煮至溶化。

⑤放入红糖，拌匀，煮至溶化。

⑥关火后盛出煮好的粥，装入碗中，待稍微放凉后即可食用。

制作指导

小米可事先泡发，这样更容易煮熟。

白扁豆芡实糯米粥

烹饪时间：77分钟 | **份量：2人**

原料

芡实300克，白扁豆70克，糯米300克，
山药丁350克

调料

白糖3克

做法

①砂锅中注入清水烧热，倒入洗好的芡实、白扁豆，拌匀。

②盖上盖，用小火煮20分钟。

③揭盖，倒入洗好的糯米，拌匀。

④盖上盖，用小火煮40分钟。

⑤揭盖，倒入山药丁，拌匀，煮约15分钟至食材熟透。

⑥加入白糖，拌匀，煮至溶化。

⑦关火后盛出煮好的粥，装入碗中。

⑧待稍微放凉后即可食用。

白果莲子乌鸡粥

| 烹饪时间：46分钟 | 份量：2人

🌶 **原料**

水发糯米120克，白果25克，水发莲子50克，乌鸡块200克

🍲 **调料**

盐、鸡粉各2克，料酒5毫升

制作指导

煮粥的中途可以揭开盖搅拌几次，以免糊锅。

🍴 **做法**

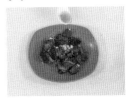

❶ 将乌鸡块装入盘中，加入盐、鸡粉、料酒，腌制10分钟。

❷ 砂锅中注入清水烧开，倒入洗好的白果、莲子。

❸ 放入洗净的糯米，拌匀，煮约30分钟，倒入乌鸡块，拌匀。

❹ 煮约15分钟至食材熟透。

❺ 加入盐、鸡粉，拌匀，煮至食材入味，盛出煮好的粥，装入碗中即可。

做法

① 砂锅中注入适量清水，用大火烧热。

② 倒入板栗、大米、桂圆肉，搅匀。

③ 盖上锅盖，煮开后转小火煮40分钟至食材熟透。

④ 揭开锅盖，拌匀。

⑤ 关火后将煮好的粥盛入碗中即可。

板栗桂圆粥

▌烹饪时间：42分钟 ▌份量：2人

原料

板栗肉50克，桂圆肉15克，大米250克

制作指导

将板栗放在热水中泡1～2小时，能更轻松地去除表皮。

红豆南瓜粥

烹饪时间：31分钟 | 份量：2人

🌶️ 原料

水发红豆85克，水发大米100克，南瓜120克

🍴 做法

❶ 洗净去皮的南瓜切厚块，再切条，改切成丁，备用。

❷ 砂锅中注入适量清水烧开，倒入洗净的大米，搅匀。

❸ 加入洗好的红豆，搅拌匀。

❹ 盖上盖，煮30分钟，至食材软烂。

❺ 揭开盖，倒入南瓜丁，搅拌匀。

❻ 再盖上盖，用小火续煮5分钟，至全部食材熟透。

❼ 揭开盖，搅拌均匀一会儿。

❽ 将煮好的红豆南瓜粥盛出，装入汤碗中即可。

薄荷糙米粥

烹饪时间：43分钟　份量：2人

🌶 **原料**

水发糙米150克，枸杞15克，鲜薄荷叶少许

🍲 **调料**

冰糖25克

🍴 **做法**

❶ 砂锅中注入适量清水烧热。

❷ 倒入洗净的糙米，搅散。

❸ 盖上盖，烧开后转小火煮约40分钟，至食材熟软。

❹ 揭盖，倒入洗净的薄荷叶，搅匀，略煮一会儿。

❺ 撒上备好的枸杞，拌匀，用中火煮约2分钟，至食材熟透。

❻ 加入冰糖，煮至溶化，盛出煮好的糙米粥，装入碗中即可。

制作指导

煮糙米的时候最好搅拌几次，这样能防止其粘锅。

补血养生粥

| 烹饪时间：32分钟 | 份量：2人

原料

眉豆40克，绿豆30克，赤小豆40克，薏米100克，红米40克，玉米50克，糙米45克，水发小米35克，水发黑米100克，花生米55克，红糖20克，蜂蜜10毫升

制作指导

豆类事先要浸泡2小时以上，这样可减少煮制时间。

做法

❶砂锅中加入清水、眉豆、绿豆、赤小豆、薏米、红米、糙米、黑米、小米、花生米、玉米，拌匀。

❷加盖，大火煮开转小火煮30分钟至食材熟透。

❸揭盖，加入红糖、蜂蜜。

❹搅拌均匀片刻使其入味。

❺将煮好的粥盛出，装入碗中即可。

🍴 做法

①砂锅中注入清水，用大火烧热。

②倒入洗净的大米，搅匀，盖上盖，烧开后转小火煮20分钟。

③揭开盖，倒入备好的莲子、枸杞、酸枣仁粉。

④再盖上盖，续煮40分钟至食材熟透。

⑤揭开盖，拌匀，关火后将煮好的粥盛出，装入碗中即可。

枣仁莲子粥

▌烹饪时间：62分钟 ▌份量：2人

🌶 原料

大米200克，酸枣仁粉6克，枸杞10克，莲子20克

制作指导

莲子心有苦味，可将其去除后再煮。

草鱼干贝粥

| 烹饪时间：52分钟 | 份量：2人

原料

大米200克，草鱼肉100克，水发干贝10克，姜片、葱花各少许

调料

盐2克，鸡粉3克，水淀粉适量

做法

1 处理好的草鱼肉切薄片。

2 放入碗中，加入盐、水淀粉，腌渍10分钟。

3 砂锅中注入适量清水烧开，倒入洗好的大米，拌匀。

4 盖上盖，用小火煮20分钟。

5 揭盖，倒入备好的干贝、姜片。

6 再盖上盖，续煮30分钟。

7 揭盖，放入腌好的草鱼肉。

8 加入盐、鸡粉，盛出煮好的粥，装入碗中，撒上葱花即可。

蚕豆枸杞粥

┃ 烹饪时间：32分钟 ┃ 份量：2人

🌶 原料

水发大米180克，鲜蚕豆60克，枸杞少许

🍴 做法

①砂锅中注入适量清水烧热，倒入洗净的大米。

②放入蚕豆，搅拌一会儿，使米粒散开。

③盖上盖，大火烧开后改小火煮约20分钟，至米粒变软。

④揭盖，撒上洗净的枸杞，拌匀。

⑤盖盖，用中小火续煮约10分钟，至食材熟透。

⑥揭盖，盛出煮好的枸杞粥，稍微冷却后食用即可。

制作指导

食用时可加入少许盐，味道会更佳。

麦冬红枣小麦粥

■ 烹饪时间：92分钟　■ 份量：2人

🌶️ **原料**

水发小麦200克，红枣、麦冬各少许

制作指导

小麦清洗次数不要过多，以免造成营养成分流失。

🍴 **做法**

❶ 砂锅中注入适量清水烧开，倒入洗好的小麦，放入洗净的红枣、麦冬。

❷ 搅拌均匀。

❸ 盖上盖，烧开后用小火煮约90分钟至食材熟透。

❹ 揭盖，搅拌几下。

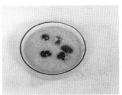

❺ 盛出煮好的小麦粥，装入碗中即可。

做法

❶砂锅注水，倒入大麦渣，拌匀。

❷加盖，用大火煮开后转小火续煮30分钟至熟软。

❸揭盖，倒入红糖。

❹用中火搅拌均匀至溶化。

大麦红糖粥

▌烹饪时间：33分钟 ▌份量：2人

❺关火后盛出煮好的粥，装碗即可。

原料

大麦渣350克，红糖20克

制作指导

煮粥过程中需揭盖搅拌几次，以免粘锅。

冬瓜莲子绿豆粥

| 烹饪时间：60分钟 | 份量：3人 |

 原料

冬瓜200克，水发绿豆70克，水发莲子90克，水发大米180克

 调料

冰糖20克

做法

①洗净去皮的冬瓜切成小块，备用。

②砂锅中注入适量清水烧开，倒入绿豆、莲子。

③放入洗好的大米，拌匀。

④盖上盖，烧开后用小火煮40分钟，至食材熟软。

⑤揭开锅盖，放入冬瓜块。

⑥盖上盖，续煮15分钟至食材熟透。

⑦揭盖，放入冰糖。

⑧煮约3分钟至冰糖溶化，盛出煮好的粥，装入碗中即可。

陈皮红豆粥

烹饪时间：61分钟 | 份量：2人

🌶 原料

红豆150克，陈皮10克，大米100克

🍲 调料

冰糖少许

🍴 做法

❶砂锅中注入清水，倒入陈皮、红豆、大米，拌匀。

❷盖上盖，煮1小时至食材熟软。

❸揭盖，加入冰糖。

❹拌匀，煮至溶化。

❺关火后盛出煮好的粥，装入碗中。

❻待稍微放凉后即可食用。

制作指导

红豆和大米可以事先泡发，这样更容易熟软，口感也会更好。

❶砂锅中注入适量清水烧热。

❷放入红枣、桃仁，倒入大米，拌匀。

❸盖上盖，烧开后用小火煮约45分钟至大米熟透。

❹揭开盖，搅拌均匀几下。

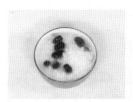

❺关火后盛出煮好的粥即可。

桃仁红枣粥

▍烹饪时间：46分钟　▍份量：2人

🌶 原料

水发大米180克，红枣20克，桃仁少许

制作指导

红枣可去核后再煮，这样更方便食用。

做法

❶把葛根粉装入碗中，倒入少许温开水，调匀待用。

❷砂锅中注入适量清水烧开，倒入洗好的大米。

❸搅拌匀，盖上锅盖，用小火煮约40分至大米熟软。

❹揭开锅盖，倒入调好的葛根粉拌匀。

❺煮一会儿，盛出煮好的小米粥，装入碗中即可。

葛粉小米粥

▌烹饪时间：42分钟　▌份量：1人

🌶 原料

水发小米100克，葛根粉30克

制作指导

小米可用温水泡发，能节省泡发的时间。

花生红米粥

▌烹饪时间：62分钟 ▌份量：2人

🌶 原料

水发花生米100克，水发红米200克

🍲 调料

冰糖20克

🍴 做法

①砂锅中注入适量清水烧开。

②放入洗净的红米，轻轻搅拌一会儿。

③再倒入洗好的花生米，搅拌匀。

④盖上盖，煮沸后用小火煮约60分钟，至米粒熟透。

⑤揭盖，放入备好的冰糖，拌匀。

⑥转中火续煮片刻，至冰糖完全溶化。

⑦关火后盛出煮好的红米粥。

⑧装入汤碗中，待稍微冷却后即可食用。

黑芝麻核桃粥

▌烹饪时间：42分钟 ▌份量：2人

🌶 原料

黑芝麻15克，核桃仁30克，糙米120克

🍲 调料

白糖6克

🍴 做法

❶ 将核桃仁倒入木臼，压碎，把压碎的核桃仁倒入碗中。

❷ 汤锅中注入清水，用大火烧热。

❸ 倒入洗净的糙米，拌匀。

❹ 盖上盖，烧开后用小火煮30分钟至糙米熟软。

❺ 倒入备好的核桃仁，拌匀。

❻ 盖上盖，煮10分钟至食材熟烂。

❼ 揭盖，倒入黑芝麻，拌匀。

❽ 加入白糖，煮至白糖溶化，盛出即可。

①砂锅中注入适量清水烧开。

②倒入洗净的大米，搅散开。

③放入洗好的花生，加入洗净的川贝、枸杞，搅拌匀。

④盖上盖，烧开后用小火煮30分钟，至大米熟透。

⑤揭开盖子，用勺子搅拌片刻，把煮好的粥盛出即可。

枸杞川贝花生粥

▌烹饪时间：31分钟 ▌份量：3人

🌶 原料

枸杞10克，川贝母10克，水发花生米70克，水发大米150克

制作指导

煮粥时，大米宜在水烧开后下锅，这样能节省煮粥的时间。

❶ 砂锅中注入适量清水烧开，放入洗净的干荷叶。

❷ 盖上盖，烧开后用小火煮约10分钟，至食材散出清香味。

❸ 揭盖，捞出荷叶，倒入洗净的大米、莲子、枸杞，拌匀。

❹ 盖好盖，煮沸后用小火煮约30分钟，至米粒熟软。

❺ 揭开盖，加入冰糖，拌匀，煮至糖分溶化即成。

荷叶莲子枸杞粥

烹饪时间：42分钟 | **份量：2人**

原料

水发大米150克，水发莲子90克，冰糖40克，枸杞12克，干荷叶10克

制作指导

捞出荷叶时最好用细密的过滤网，这样能减少汤水中的杂质。

瓜子仁南瓜粥

烹饪时间：45分钟　份量：2人

🌶 原料

瓜子仁40克，南瓜100克，水发大米100克

🍲 调料

白糖6克

🍴 做法

❶洗净去皮的南瓜切厚片，再切成小块。

❷煎锅烧热，倒入瓜子仁，炒至熟。

❸把炒好的瓜子仁盛入盘中，待用。

❹砂锅中注入适量清水烧开，倒入洗好的大米，搅散。

❺盖上盖，用小火煮30分钟至熟。

❻揭开盖，倒入南瓜块，拌匀。

❼再盖上盖，续煮15分钟至南瓜熟软。

❽放入白糖，把煮好的粥盛入碗中，撒上瓜子仁即可。

桂圆阿胶红枣粥

烹饪时间：43分钟 | 份量：2人

 原料

水发大米180克，桂圆肉30克，红枣35克，阿胶15克

 调料

白糖30克，白酒少许

🍴 做法

①砂锅中注入适量清水烧开，倒入洗净的大米，搅拌匀。

②加入备好的红枣、桂圆。

③盖上盖，用小火煮30分钟至其熟软。

④加入阿胶，倒入少许白酒，搅拌匀。

⑤盖上盖，用小火续煮10分钟。

⑥揭盖，加入白糖。

⑦搅拌均匀，煮至白糖溶化。

⑧关火后盛出煮好的粥，装入碗中即可。

桂圆糙米舒眠粥

▌烹饪时间：31分钟　▌份量：1人

🌶 **原料**

桂圆肉30克，水发糙米160克，

制作指导

糙米不易煮熟，可适当
延长煮粥的时间。

🍴 **做法**

❶砂锅中注入适量清
水烧开。

❷倒入洗好的糙米、
桂圆肉，用勺拌匀。

❸盖上盖，煮约30分
钟至食材熟透。

❹揭开盖，搅拌匀，
略煮片刻至粥浓稠。

❺关火后盛出煮好的
粥，装入碗中即可。

❶ 洗净的虾切去头部，背部切上一刀。

❷ 砂锅中注入适量清水，倒入大米、干贝，拌匀。

❸ 加盖，大火煮开转小火煮20分钟至熟。

❹ 揭盖，倒入虾，稍煮片刻至虾转色。

❺ 加入食用油、盐、鸡粉、胡椒粉拌匀，使其入味，盛入碗中，撒上葱花即可。

✂ 做法

海虾干贝粥

▌烹饪时间：24分钟　▌份量：3人

🌶 原料

水发大米300克，基围虾200克，水发干贝50克，葱花少许

🍲 调料

盐2克，鸡粉3克，胡椒粉、食用油各适量

制作指导

煮粥时加入食用油不仅使粥的口感更好，而且增加粥的亮泽。

果仁燕麦粥

▍烹饪时间：31分钟 ▍份量：3人

🌶 原料

水发大米120克，燕麦85克，核桃仁、巴旦木仁各35克，腰果、葡萄干各20克

🍴 做法

①把干果放入榨汁机干磨杯中。

②套上干磨刀座，再套在榨汁机上。

③选择"干磨"功能，把磨好的干果粉末倒出。

④砂锅中注入适量清水烧开，倒入洗净的大米，搅散。

⑤加入洗好的燕麦，搅拌匀。

⑥盖上盖，煮30分钟，至食材熟透。

⑦揭开盖，倒入干果粉末。

⑧放入葡萄干，把煮好的粥盛出，撒上剩余的葡萄干即可。

荷叶藿香薏米粥

烹饪时间：93分钟 | **份量：2人**

🌶 原料

荷叶碎5克，藿香10克，水发薏米250克

🍴 做法

❶砂锅中注入适量清水，用大火烧热。

❷倒入备好的荷叶、藿香。

❸盖上锅盖，烧开后转小火煮30分钟至其析出有效成分。

❹揭开锅盖，将药材捞干净。

❺倒入洗好的薏米，搅拌均匀。

❻再盖上锅盖，续煮1小时至其熟透。

❼揭开锅盖，拌匀。

❽关火后将煮好的薏米粥盛出，装入碗中即可。

合欢花小米粥

| 烹饪时间：63分钟 | 份量：2人

原料

小米150克，红枣10克，菊花5克，合欢花5克

调料

冰糖少许

制作指导
————————
煮粥的过程要搅拌几次，以免粘锅。

🍴 做法

❶砂锅中注入适量清水，倒入洗好的小米，拌匀。

❷放入洗好的合欢花、红枣、菊花，搅拌均匀。

❸盖上盖，用大火煮开后转小火，续煮1小时至食材熟透。

❹揭盖，倒入冰糖，拌匀，煮至溶化。

❺关火后盛出煮好的粥，装入碗中，待稍微放凉后即可食用。

❶砂锅中注入清水，倒入洗好的荷叶、山楂干、郁金，放入洗净的大米，拌匀。

❷盖上盖，煮1小时至食材熟透。

❸揭盖，加入冰糖，拌匀，煮至溶化。

❹拣出荷叶。

❺盛入碗中，待稍微放凉后即可食用。

荷叶郁金粥

▮烹饪时间：62分钟　▮份量：2人

🌶 **原料**

荷叶15克，山楂干15克，大米200克，郁金10克

🍲 **调料**

冰糖少许

制作指导

大米可以先用水浸泡半小时，这样更加容易煮至熟。

糙米绿豆红薯粥

┃ 烹饪时间：78分钟 ┃ 份量：3人

🌶 原料

水发糙米200克，水发绿豆35克，红薯170克，枸杞少许

🍴 做法

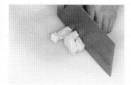   

①洗净去皮的红薯切片，再切条，改切成小块。

②砂锅中注入适量清水烧开，倒入洗好的糙米，拌匀。

③放入洗净的绿豆，搅拌均匀。

④盖上盖，烧开后用小火煮约60分钟。

⑤揭盖，倒入切好的红薯。

⑥撒上枸杞，拌匀。

⑦再盖上盖，续煮15分钟至食材熟透。

⑧揭盖，搅拌片刻，关火后盛出煮好的粥，装入碗中即可。

核桃枸杞粥

▌烹饪时间：42分钟 ▌份量：2人

🌶 原料

核桃仁30克，枸杞8克，水发大米150克

🍲 调料

红糖20克

🍴 做法

①锅中注入适量清水烧开，倒入洗净的大米，搅拌均匀。

②放入核桃仁。

③盖上盖，煮约30分钟至食材熟软。

④揭开盖，放入洗净的枸杞，拌匀。

⑤再盖上盖，煮10分钟至食材熟透。

⑥揭盖，放入红糖。

⑦拌匀，煮至溶化。

⑧关火后盛出煮好的粥，装入碗中即可。

❶ 将核桃仁切碎。

❷ 砂锅中注入适量清水烧热，倒入洗好的大米，拌匀。

❸ 盖上盖，用大火煮开后转小火煮40分钟至大米熟软。

❹ 揭盖，倒入切碎的核桃仁，拌匀，略煮片刻。

核桃仁粥

▌烹饪时间：42分钟 ▌份量：2人

🌶 原料

核桃仁10克，大米350克

制作指导

大米可以先用水浸泡20分钟，这样更加容易煮至熟。

❺ 关火后盛出煮好的粥，装入碗中，待稍微放凉后即可食用。

① 砂锅中注入适量清水烧热。

② 倒入洗净的小麦、黑豆，搅拌均匀。

③ 盖上盖，烧开后用小火煮约1小时，至食材熟透。

④ 揭盖，搅拌，关火后盛出煮好的粥。

⑤ 装入碗中即可。

✖ 做法

黑豆小麦粥

▎烹饪时间：62分钟　　▎份量：2人

🌶 原料

水发小麦170克，水发黑豆85克

制作指导

小麦可以先用温水泡发，这样可以缩短烹煮的时间。

苦瓜胡萝卜粥

┃ 烹饪时间：41分钟 ┃ 份量：2人

 原料

水发大米140克，苦瓜45克，胡萝卜60克

做法

① 洗净去皮的胡萝卜切片，再切条，改切成粒。

② 洗好的苦瓜切开，去瓜瓤，再切条形，改切成丁，备用。

③ 砂锅中注入适量清水烧开。

④ 倒入备好的大米、苦瓜、胡萝卜，搅拌均匀。

⑤ 盖上锅盖，烧开后用小火煮约40分钟至食材熟软。

⑥ 揭开锅盖，搅拌一会儿，盛出煮好的粥即可。

制作指导

最好把苦瓜里面的瓤刮干净，以免煮好的粥味道偏苦。

黑豆生蚝粥

| 烹饪时间：82分钟 | 份量：2人

 原料

水发黑豆80克，生蚝150克，水发大米200克，姜丝、葱花各少许

🍲 调料

盐2克，芝麻油适量

🍴 做法

①锅中注入清水，倒入生蚝，略煮一会儿，捞出，装盘。

②砂锅中注入清水，放入洗好的黑豆。

③盖上盖，煮开后转小火煮20分钟。

④揭盖，倒入洗好的大米，拌匀。

⑤再盖上盖，用大火煮开后转小火煮40分钟至大米熟软。

⑥揭盖，放入生蚝、姜丝，拌匀。

⑦盖上盖，续煮20分钟至食材熟透。

⑧揭盖，加入盐、芝麻油，盛出煮好的粥，撒上葱花即可。

❶砂锅中注入适量清水，倒入赤小豆、黑米、花生米、莲子、红枣，拌匀。

❷加盖，大火煮开后转小火煮30分钟至食材熟透。

❸揭盖，放入冰糖、桂花，拌匀。

❹加盖，续煮2分钟至冰糖融化。

❺揭盖，搅拌片刻使其入味，关火后将煮好的粥盛出，装入碗中即可。

黑米桂花粥

▌烹饪时间：33分钟 ▌份量：2人

原料

水发赤小豆150克，水发莲子100克，桂花10克，红枣20克，水发黑米150克，花生米20克，冰糖25克

制作指导

花生米的红衣营养价值很高，可不用去除。

做法

❶砂锅中注入适量清水，倒入薏米、绿豆、大米、黑米、糯米，拌匀。

❷加盖，大火煮开转小火煮30分钟至食材熟软。

❸揭盖，稍微搅拌片刻使其入味。

❹关火，将煮好的粥盛出，装入碗中即可。

黑米绿豆粥

▌烹饪时间：32分钟　▌份量：2人

🌶 原料

薏米80克，水发大米150克，糯米50克，绿豆70克，黑米50克

制作指导

如果喜欢甜一点，可以加入白糖或冰糖进行调味。

百合玉竹粥

烹饪时间：31分钟 | 份量：2人

原料

水发大米130克，鲜百合40克，水发玉竹10克

做法

① 砂锅中注入清水烧热，倒入洗净的玉竹、大米，拌匀。

② 盖上盖，烧开后用小火煮约15分钟。

③ 揭开盖，倒入洗净的百合，搅拌均匀。

④ 再盖上盖，用小火续煮约15分钟至食材熟透。

⑤ 揭开盖，用勺子搅拌至均匀。

⑥ 关火后盛出煮好的粥即可。

制作指导

此粥味道较淡，可加入适量白糖调味。

枣仁蜂蜜小米粥

| 烹饪时间：67分钟 | 份量：2人

原料

水发小米230克，红枣、酸枣仁各少许

调料

蜂蜜适量

做法

❶砂锅中注入清水烧开，倒入酸枣仁。

❷盖上盖，用中小火煮约20分钟至其析出有效成分。

❸揭盖，用勺子捞出酸枣仁。

❹倒入洗好的小米。

❺放入洗净的红枣，搅拌均匀。

❻盖上盖，烧开后用小火煮约45分钟至食材熟透。

❼揭盖，加入蜂蜜。

❽用勺搅拌均匀，盛出装入碗中即可。

做法

①砂锅中注入适量清水，将水烧开。

②倒入洗净的小米、荞麦、玉米、燕麦。

③用勺子将材料搅拌均匀。

④盖上盖，煮30分钟，至食材熟透。

小米燕麦荞麦粥

▌烹饪时间：31分钟 ▌份量：2人

⑤揭盖，搅拌片刻，将煮好的杂粮粥盛出，装入碗中即可。

🌶 原料

水发小米70克，水发荞麦80克，玉米碎85克，燕麦40克

制作指导
───
燕麦吸水性强，所以熬煮前要多加些清水。

✕ 做法

❶砂锅中注入适量清水烧开，倒入备好的莲子、榛子仁。

❷放入洗净的燕麦。

❸盖上盖，煮1小时至食材熟透。

❹揭盖，搅拌均匀。

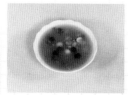

❺将煮好的粥盛出，装入碗中即可。

榛子莲子燕麦粥

▌烹饪时间：65分钟 ▌份量：2人

🌶 原料

水发莲子60克，榛子仁20克，水发燕麦80克

制作指导

可使用锅盖带气孔的砂锅，这样可防止粥煮沸后溢出。

松子仁粥

| 烹饪时间：32分钟 | 份量：2人

原料

发水大米110克，松子35克

调料

白糖4克

做法

①砂锅中注入适量清水烧开。

②倒入洗净的大米，搅拌匀。

③加入备好的松子，拌匀。

④盖上锅盖，烧开后用小火煮30分钟至食材熟透。

⑤揭开锅盖，加入适量白糖。

⑥搅拌均匀，煮至白糖溶化即可。

制作指导

将松子捣成末再煮，口感会更佳。

木耳山楂排骨粥

烹饪时间：32分钟 | 份量：2人

原料

水发木耳40克，排骨300克，山楂90克，水发大米150克，水发黄花菜80克，葱花少许

调料

料酒8毫升，盐2克，鸡粉2克，胡椒粉少许

做法

❶木耳切小块；洗净的山楂切开，去核，切成小块。

❷砂锅中注入适量清水烧开，倒入大米，搅散。

❸加入洗净的排骨，淋入适量料酒，搅拌片刻。

❹盖上盖，煮至清水沸腾。

❺揭开盖子，倒入木耳、山楂、黄花菜，煮至食材熟透。

❻揭盖，放入盐、鸡粉、胡椒粉，撒上葱花即可。

制作指导

排骨煮一会儿后会有浮沫，将其撇去后口感会更好。

紫米桂花粥

| 烹饪时间：42分钟 | 份量：2人

🌶 原料

水发紫米50克，水发糯米50克，桂花5克

🍲 调料

红糖20克

制作指导

紫米可先泡发后再煮，这样更易煮熟。

❶砂锅中注入适量清水，倒入紫米、糯米，拌匀。

❷加盖，大火煮开转小火煮40分钟至食材熟软。

❸揭盖，倒入桂花，拌匀。

❹加入红糖，拌匀。

❺将煮好的粥盛出，装入碗中即可。

❶去皮洗净的红薯切滚刀块，备用。

❷砂锅中注入适量清水烧热，倒入洗净的小麦。

❸盖上盖，烧开后用小火煮约20分钟，至其变软。

❹揭盖，倒入洗净的红米、花生米，放入红薯块，搅拌匀。

❺再盖上盖，用小火续煮约30分钟，至食材熟软，盛入碗中即可食用。

✂ 做法

红米小麦红薯粥

▌烹饪时间：52分钟 ▌份量：3人

🌶 原料

水发红米180克，水发小麦140克，花生米80克，红薯75克

制作指导

小麦可先浸泡约4小时，这样能缩短烹饪的时间。

核桃蔬菜粥

烹饪时间：37分钟　｜　份量：3人

🌶 原料

胡萝卜120克，豌豆65克，核桃粉15克，
水发大米120克，白芝麻少许

🍲 调料

芝麻油少许

🍴 做法

❶洗好去皮的胡萝卜切段。

❷锅中注入适量清水烧开，倒入胡萝卜、豌豆。

❸煮约3分钟，至其断生，捞出食材，沥干水分。

❹将放凉的胡萝卜剁成末，把放凉的豌豆剁成细末。

❺砂锅中注入清水烧开，倒入大米，煮约20分钟至大米熟软。

❻倒入豌豆、胡萝卜，拌匀。

❼撒上白芝麻，拌匀，续煮15分钟至食材熟透。

❽倒入核桃粉、芝麻油，搅匀，盛出煮好的粥即可。

芝麻猪肝山楂粥

 烹饪时间：47分钟 | 份量：3人

原料

猪肝150克，水发大米120克，山楂100克，水发花生米90克，白芝麻15克，葱花少许

调料

盐、鸡粉各2克，水淀粉、食用油各适量

做法

❶将山楂去除头尾，去除果核，切小块；洗好的猪肝切薄片。

❷把猪肝片装入碗中，加入盐、鸡粉、水淀粉、食用油。

❸砂锅中注入清水烧开，倒入洗净的大米，拌匀。

❹撒上花生米，拌使材料散开，煮约30分钟，至食材熟软。

❺倒入山楂，撒上洗净的白芝麻，拌匀。

❻续煮约15分钟，至食材熟透。

❼放入猪肝，拌煮至变色。

❽加入盐、鸡粉，拌匀，盛出煮好的猪肝粥，撒上葱花即成。

花菜香菇粥

▍烹饪时间：57分钟 ▍份量：2人

🌶 原料

西蓝花100克，花菜80克，胡萝卜80克，大米200克，香菇、葱花各少许

🍲 调料

盐2克

制作指导

大米可以先泡发后再煮，这样能够减少烹煮的时间。

❶洗净去皮的胡萝卜切成丁；洗好的香菇切成条。

❷洗净的花菜、西蓝花切成小朵。

❸砂锅中注入适量清水烧开，倒入洗好的大米，用大火煮开后转小火煮40分钟。

❹揭盖，倒入香菇、胡萝卜、花菜、西蓝花，煮至食材熟透。

❺揭盖，放入盐，拌匀调味，盛出装入碗中，撒上葱花即可。

紫米核桃红枣粥

烹饪时间：62分钟 ┃ **份量：2人**

做法

❶砂锅中注入适量清水，倒入备好的红豆、紫米。

❷加入红枣、核桃仁，拌匀。

❸加盖，煮1小时至食材熟软。

❹揭盖，倒入红糖，拌匀。

❺关火，将煮好的粥盛出装入碗中即可。

原料
水发紫米250克，水发红豆150克，核桃仁8克，红枣3枚

调料
红糖15克

制作指导
熬粥时最好多搅动几次，以免煳锅。

紫薯桂圆小米粥

烹饪时间：51分钟 | 份量：3人

 原料

紫薯200克，桂圆肉30克，水发小米
150克

做法

❶将洗好去皮的紫薯
切厚块，再切条，改
切成丁，备用。

❷砂锅中注入适量清
水烧开。

❸倒入洗净的小米，
搅拌均匀。

❹加入洗好的桂圆
肉，拌匀。

❺盖上盖，用小火煮
约30分钟。

❻揭开锅盖，放入切
好的紫薯，拌匀。

❼再盖上盖，续煮20
分钟至食材熟透。

❽揭开锅盖，搅拌一
会儿，盛出煮好的
粥，装入碗中即可。

紫薯粥

| 烹饪时间：47分钟 | 份量：2人

原料

水发大米100克，紫薯75克

做法

❶洗净去皮的紫薯切片，再切条，改切成小丁块，备用。

❷砂锅中注入适量清水烧开，倒入洗净的大米，搅拌匀。

❸盖上盖，烧开后用小火煮约30分钟。

❹揭开盖，倒入切好的紫薯，搅拌匀。

❺再盖上盖，用小火续煮约15分钟至食材熟透。

❻揭开盖，拌匀，盛出煮好的紫薯粥，装入碗中即可。

制作指导

紫薯黏性大，所以大米不要放太多，否则容易煳锅。

PART 4
营养全"面"，
一碗搞定

面条的形式多种多样，面条的口味也可以丰富多彩。本章将带你走进面条的世界，品尝各种风味的面条，有蔬菜面、乌冬面、拉面、挂面等，就算是方便面，也可以做出特别的风味哦。每道面食都配有精美成品图、详细步骤图和二维码，让你眼动手动，轻松制作营养面条，享受美味。

制作面条怎么能少得了工具呢？工具可谓是制作中式面点的关键，通过这几样小小的工具，我们就能灵活地运用材料做出变化多样的面食。

刮板

刮板是用胶质材料做成的，一般用来搅拌面糊等液态材料，因为它本身比较柔软，所以也可以把粘在器具上的材料刮干净。还有一种耐高温的橡皮刮刀，可以用来搅拌热的液态材

料。用橡皮刮刀搅拌加入面粉的材料时，注意不要用力过度，也不要用划圈的方式搅拌面糊，而是要用切拌的方法，以免面粉出筋。

电子秤

电子秤是用来对糕点材料进行称重的设备，通过传感器的电力转换，经称重仪表处理来完成对物体的计量。在制作糕点的过程中，电子秤相当重要，只有称出合适分量的各种材料，才能做出一道完美的糕点。所以在选择电子秤的时候，要注意选择灵敏度高的。

擀面杖

擀面用的木棍儿，是中国很古老的一种用来压制面条的工具，一直沿用至今，多为木制，用其捻压面饼，直至压薄，是制作面条、饺子皮、面饼等不可缺少的工具。在选择时最好选择木质结实、表面光滑的擀面杖，尺寸依据平时用量选择。

菠菜小银鱼面

▌烹饪时间：6分钟 ▌份量：2人

🌶️ 原料

菠菜60克，鸡蛋1个，面条10克，水发银鱼干20克

🍲 调料

盐2克，鸡粉少许，食用油4毫升

🍴 做法

❶将鸡蛋打入碗中，搅散、拌匀，制成蛋液，备用。

❷洗净的菠菜切成段；再把备好的面条折成小段。

❸锅中注水烧开，加油、盐、鸡粉、银鱼干煮沸，倒入面条。

❹盖上盖子，用中小火煮约4分钟，至面条熟软。

❺取下盖子，搅拌几下，倒入菠菜。

❻煮至面汤沸腾，倒入蛋液，煮至液面浮现蛋花即成。

制作指导

银鱼干事先泡软后再下入锅中，可以缩短烹饪的时间。

炒方便面

烹饪时间：5分钟 | 份量：2人

🌶 原料

方便面150克，豆芽30克，鸡蛋1个，胡萝卜丝50克，包菜片30克，姜末、蒜末、葱段各少许

🍲 调料

盐2克，鸡粉、胡椒粉各3克，食用油适量

🍴 做法

❶将鸡蛋打散成液。

❷用油起锅，倒入鸡蛋液，煎炒片刻，将鸡蛋装入盘中。

❸用油起锅，倒入蒜末、姜末，爆香。

❹放入胡萝卜丝、包菜片、豆芽，炒匀。

❺加入生抽。

❻注入清水，放入方便面。

❼加盖，小火焖约3分钟至熟。

❽加入鸡蛋、盐、鸡粉、胡椒粉、葱段，拌匀，装盘即可。

❶将鱼板切片；洗净的韭菜切段；火腿肠去外包装，切段。

❷锅中注水烧开，倒入乌冬面，煮沸，捞出，沥干水分。

❸用油起锅，放入玉米粒，略炒。

❹倒入鱼板，炒匀；加入火腿肠，炒匀。

炒乌冬面

┃烹饪时间：5分钟　┃份量：2人

🌶 原料

乌冬面200克，火腿肠45克，韭菜45克，鱼板60克，鲜玉米粒40克

🍲 调料

盐2克，鸡粉2克，蚝油5克，生抽3毫升，食用油适量

制作指导

韭菜易熟，宜放在后面炒制，可以保持韭菜脆嫩的口感。

❺放入乌冬面、蚝油、生抽、盐、鸡粉、韭菜，炒至熟软，盛出装盘即可。

 做法

❶ 将洗净的豆芽切段；大葱切碎片；把荞麦面折成小段。

❷ 锅中注水烧开，加入盐、食用油、生抽，拌煮片刻。

❸ 倒入荞麦面，拌匀搅散至调味料溶于汤汁中。

❹ 盖上盖，煮4分钟至荞麦面熟软。

❺ 取下盖子，放入绿豆芽，煮熟，盛出，放在碗中，撒上大葱片，浇上热油即可。

豆芽荞麦面

▌烹饪时间：6分钟 ▌份量：3人

原料
荞麦面90克，大葱40克，绿豆芽20克

调料
盐3克，生抽3毫升，食用油2毫升

制作指导
锅中的调味料搅匀后煮一会，至沸腾后再下入荞麦面，面条的味道会更好一些。

豆角拌面

| 烹饪时间：7分钟 | 份量：3人

🌶️ 原料

油面250克，豆角50克，肉末80克，红甜椒20克

🍲 调料

盐2克，鸡粉3克，生抽、料酒、芝麻油、食用油各适量

🍴 做法

①洗净的红甜椒、豆角切粒。

②用油起锅，倒入肉末，炒至转色。

③放入备好的豆角，加料酒、生抽、鸡粉炒匀。

④加入红甜椒，炒匀，将炒好的食材盛出装入盘中。

⑤锅中注入清水烧开，倒入油面。

⑥煮至油面熟软。

⑦将煮好的面条盛出装入碗中，加盐、生抽、鸡粉、芝麻油。

⑧放入部分肉末拌匀，再放上剩余的肉末即可。

海带丝山药荞麦面

烹饪时间：10分钟 | **份量：2人**

🌶 原料

荞麦面140克，山药75克，水发海带丝30克，日式面汤400毫升

🍴 做法

❶将去皮洗净的山药切开，再切条形，改切成段，备用。

❷锅中注入适量清水烧开，放入备好的荞麦面。

❸拌匀，用中火煮约4分钟，至面条熟透。

❹捞出煮熟的材料，沥干水分，待用。

❺另起锅，注入备好的日式面汤，用大火煮沸。

❻放入洗净的海带丝，倒入山药。

❼拌匀，转中火煮约4分钟，至食材熟透，制成汤料，待用。

❽取一个汤碗，放入煮熟的面条，再盛入锅中的汤料即成。

海鲜炒乌冬面

烹饪时间：5分钟 | **份量：2人**

🌶 原料

乌冬面200克，土豆80克，胡萝卜70克，虾仁50克，葱段少许

🍲 调料

盐2克，鸡粉3克，蚝油5克，生抽4毫升，食用油适量

制作指导

虾线含有杂质应去除，以免影响虾肉的鲜味。

❶ 将洗净去皮的土豆、胡萝卜切丝；虾仁去掉虾线。

❷ 锅中注水烧开，倒入乌冬面，煮沸，捞出，沥干水分。

❸ 将虾仁倒入沸水锅中，煮至转色，捞出，沥干水分。

❹ 用油起锅，倒入虾仁、土豆、胡萝卜、乌冬面，炒匀。

❺ 放入蚝油、生抽、清水、盐、鸡粉、葱段炒匀，盛出即可。

① 洗净的香菇切十字花刀；处理好的洋葱切丝；瘦肉切丝。

② 肉丝中加盐、白胡椒粉、料酒、水淀粉，腌制10分钟。

③ 锅中注水烧开，倒入面条煮熟，捞出，沥干水分装入碗中。

④ 起油锅，倒入肉丝，炒至转色；倒入香菇、洋葱，炒匀。

⑤ 加鸡汤、盐、鸡粉、白胡椒粉拌匀，盛入面碗，摆上黑蒜即可。

做法

黑蒜香菇肉丝面

▌烹饪时间：5分钟 ▌份量：1人

原料
黑蒜40克，龙须面150克，瘦肉180克，洋葱80克，鸡汤350毫升，香菇5克

调料
盐2克，鸡粉2克，料酒5毫升，水淀粉4毫升，白胡椒粉、食用油各适量

制作指导
将煮好的面条放在凉开水中放凉，这样口感会更爽滑。

海鲜面

烹饪时间: 7分钟　**份量:** 2人

原料

虾仁30克,八爪鱼50克,葱花少许,面条70克,小白菜60克

调料

盐3克,鸡粉3克,料酒5毫升,水淀粉3克,胡椒粉1克,食用油适量

做法

① 将八爪鱼切小块;虾仁挑去虾线,切丁;小白菜切段。

② 虾仁、八爪鱼中加盐、鸡粉、料酒、水淀粉、食用油腌渍入味。

③ 将面条斩成段;用油起锅,倒入虾仁、八爪鱼,略炒。

④ 淋入适量料酒,炒香,倒入适量清水。

⑤ 盖上锅盖,用大火煮沸。

⑥ 加入面条、盐、鸡粉、胡椒粉。

⑦ 盖上锅盖,用小火煮5分钟至面条熟透。

⑧ 揭盖,放入小白菜煮沸,盛出装碗,撒上葱花即可。

✕ 做法

❶起油锅，倒入部分蒜片，用小火炸至金黄色，捞出待用。

❷锅中注水烧开，放入板面，煮熟。

❸关火后捞出面条，待用。

❹另起锅，注入红烧牛肉汤，撒上余下的蒜片，拌匀。

❺待汤汁沸腾，加入生抽、盐、鸡粉，调成汤料，将面条装碗，撒上蒜末、炸熟的蒜片，盛入汤料即可。

金银蒜香牛肉面

▌烹饪时间：6分钟　▌份量：2人

🌶 原料

板面180克，红烧牛肉汤200毫升，蒜片、蒜末各少许

🍲 调料

盐、鸡粉各2克，生抽4毫升，食用油适量

制作指导

汤料调好后最好用小火保持煮沸的状态，这样面食的味道更佳。

红烧牛肉面

┃ 烹饪时间：6分钟 ┃ 份量：2人 ┃

🌶 原料

面条175克，牛肉汤300毫升，蒜末少许

🍲 调料

生抽3毫升

🍴 做法

①锅中注水烧开，放入备好的面条。

②轻轻搅拌，煮约4分钟，至面条熟透。

③盛出煮好的面条，装入碗中，待用。

④炒锅置火上，倒入备好的牛肉汤，用大火略煮。

⑤淋入适量生抽，拌匀，煮至沸。

⑥关火后盛出煮好的汤汁，浇在面条上，撒上蒜末即成。

制作指导

煮面条时可以加入少许盐，这样煮好的面条口感更爽滑。

腊肉土豆豆角焖面

▌烹饪时间：7分钟 ▌份量：2人

🌶 原料

腊肉50克，土豆45克，豆角10克，面条80克，葱花少许

🍲 调料

料酒4毫升，生抽3毫升，芝麻油少许

🍴 做法

①将豆角切丁；洗净去皮的土豆切丁；洗好的腊肉切小丁块。

②用油起锅，倒入腊肉，翻炒出油。

③放入土豆、豆角，翻炒均匀。

④加入适量料酒、生抽、清水，拌匀，焖约3分钟。

⑤倒入面条，拌匀，焖煮片刻，翻炒约2分钟至面条熟透。

⑥放入葱花、芝麻油，炒匀，盛出炒好的食材即可。

制作指导

腊肉有咸味，因此不需要再放盐。

❶将胡萝卜去皮切细丝；瘦肉丝加盐、生抽、料酒、水淀粉，拌匀腌渍。

❷锅中注水烧开，倒入荞麦面煮熟，捞出，沥干水分。

❸瘦肉丝滑油至变色，捞出。

❹用油起锅，倒入空心菜梗、荞麦面、瘦肉丝、胡萝卜丝炒匀，放入空心菜叶。

空心菜肉丝炒荞麦面

▌烹饪时间：1分30秒 ▌份量：2人

🌶 原料

空心菜120克，荞麦面180克，胡萝卜65克，瘦肉丝35克

🍲 调料

盐3克，鸡粉少许，老抽、料酒各2毫升，生抽3毫升，水淀粉、食用油各适量

制作指导

面条煮好后可用芝麻油拌一下，这样炒出的面条韧性更好，并且不易粘锅。

❺加入盐、生抽、老抽、鸡粉，炒入味，盛入盘中即成。

①将洗净去皮的南瓜切薄片。

②锅中注水烧开，倒入海米、紫菜。南瓜片，煮至断生。

③放入面条，拌匀，再煮至沸腾，加入适量盐、鸡粉。

④放入洗净的小白菜拌匀，煮至变软，捞出，装入汤碗。

⑤将锅中留下的面汤煮沸，打入鸡蛋，煮至成形，盛出，摆放在碗中即可。

南瓜鸡蛋面

▌烹饪时间：6分钟　▌份量：3人

🌶 原料

切面300克，鸡蛋1个，紫菜10克，海米15克，小白菜25克，南瓜70克

🍲 调料

盐2克，鸡粉2克

制作指导

南瓜尽量切得薄一点，这样更容易熟。

麻辣臊子面

| 烹饪时间：6分钟 | 份量：2人 |

原料

面条200克，猪骨高汤500毫升，香菜叶少许，猪肉末120克，白芝麻30克，蒜末少许

调料

豆瓣酱15克，料酒3毫升，盐、鸡粉各少许，生抽5毫升，辣椒油、花椒油、食用油各适量

做法

❶将洗净的香菜叶切成碎。

❷用油起锅，倒入猪肉末，炒至变色。

❸撒上蒜末炒香，放入适量豆瓣酱，淋入少许料酒、辣椒油。

❹撒上白芝麻炒香，加鸡粉、生抽炒熟透，盛出装盘即成。

❺锅中注入清水烧开，放入面条。

❻拌匀，煮约3分钟，至面条熟透，捞出，沥干水分。

❼另起锅，倒入猪骨高汤，加盐、生抽、鸡粉，拌匀，煮沸。

❽碗中放入面条、辣椒油、花椒油、汤料、肉酱、香菜末即成。

泥鳅面

▌烹饪时间：7分钟 ▌份量：2人

🌶 原料

面条90克，泥鳅65克，黄豆酱20克，葱花、彩椒粒各少许

🍲 调料

盐3克，料酒、食用油各适量

🍴 做法

❶泥鳅中加入盐，拌匀，注入清水，去除其黏液，沥干装盘。

❷切去泥鳅头部，去除内脏，清理干净。

❸起油锅，放入泥鳅，调至中火，炸1分钟呈微黄色。

❹捞出炸好的泥鳅，沥干油。

❺锅底留油烧热，倒入黄豆酱，炒香。

❻放入炸好的泥鳅，拌匀。

❼淋入料酒，炒香，注水煮沸。

❽撇去浮沫，放入面条煮熟，盛出，撒上葱花、彩椒粒即可。

南瓜面片汤

▍烹饪时间：5分钟 ▍份量：2人

🌶 原料

馄饨皮100克，南瓜200克，香菜叶少许

🍲 调料

盐、鸡粉各2克，食用油适量

制作指导

面汤煮好后淋上少许芝麻油，这样口感更佳。

🍴 做法

❶洗好去皮的南瓜切厚片，再切条，改切成丁，备用。

❷用油起锅，倒入切好的南瓜，炒匀。

❸加入适量清水，煮约1分钟。

❹放入备好的馄饨皮，搅匀。

❺加盐、鸡粉，拌匀，煮约3分钟至食材熟软，盛入碗中，点缀上香菜叶即可。

❶洗好的牛肉切末；洗净的菠菜切碎末。

❷热锅注油，放入牛肉末、料酒、盐炒匀，盛入盘中。

❸锅中注水烧开，倒入龙须面煮熟；捞出，沥干，装碗。

❹锅中倒入鸡汤、牛肉末、盐，搅拌片刻至其入味。

❺淋入生抽搅匀，倒入菠菜末煮熟，盛入面中即可。

牛肉菠菜碎面

▌烹饪时间：4分钟　▌份量：2人

🌶 原料

龙须面100克，菠菜15克，牛肉35克，清鸡汤200毫升

🍲 调料

盐2克，生抽5毫升，料酒5毫升，食用油适量

制作指导

煮好的面条可以过一下凉开水，口感会更好。

排骨黄金面

烹饪时间：4分钟 | **份量：2人**

🌶 原料

面条130克，排骨段100克，胡萝卜35克，上海青45克

🍲 调料

盐2克，鸡粉2克，料酒4毫升，食用油适量

🍴 做法

①砂锅中注水烧开，加入排骨段、料酒，煮约40分钟，捞出。

②洗净去皮的胡萝卜切粒；上海青切碎；放凉的猪骨剁成末。

③砂锅中留猪骨汤烧开，放入面条拌匀。

④倒入肉末，放入胡萝卜，煮约3分钟。

⑤揭开锅盖，倒入上海青，煮至熟软。

⑥加盐、鸡粉、食用油煮入味，把煮好的面条装入碗中即可。

制作指导

宜选用肥瘦相间的排骨，不能选全部是瘦肉的，否则煮出的面口感较差。

泡菜肉末拌面

烹饪时间：4分钟 | 份量：2人

原料

泡萝卜40克，酸菜20克，肉末25克，面条100克，葱花少许

调料

盐、鸡粉各2克，陈醋7毫升，生抽、老抽各2毫升，辣椒酱、水淀粉、食用油各适量

做法

①泡萝卜切切丝；酸菜切成粗丝。

②锅中注水烧开，倒入泡萝卜、酸菜煮约1分钟，捞出，沥干。

③锅中注入清水烧开，倒入食用油。

④放入面条，拌匀，煮至面条熟软，捞出，沥干水分。

⑤用油起锅，倒入肉末，炒至变色。

⑥淋入生抽，炒匀，倒入焯过水的食材，炒匀。

⑦放入辣椒酱、清水，炒匀，加盐、鸡粉、陈醋炒匀。

⑧加水淀粉、老抽拌匀，盛入装有面条的碗中，撒上葱花即可。

①将洗净的胡萝卜切粒；洗好的菠菜切碎；把面条折成段。

②锅中注水烧开，放入胡萝卜，盖上盖，煮约1分钟至熟。

③揭盖，加入盐、食用油。

④放入面条，拌匀，煮5分钟。

⑤揭盖，倒入肉末、菠菜，拌匀煮沸，将锅中煮好的材料盛出，装碗即可。

肉末面条

▌烹饪时间：8分钟 ▌份量：2人

🌶 原料

菠菜30克，胡萝卜40克，面条90克，肉末40克

🍲 调料

盐2克，食用油2毫升

制作指导

可先将菠菜放入开水中焯一下，既可除去草酸，也利于人体吸收菠菜中的营养。

做法

❶洗净的西红柿切小瓣，备用。

❷用油起锅，倒入肉末，炒至变色。

❸放入西红柿，撒入蒜末，炒匀炒香。

❹注入适量清水，拌匀，盖上锅盖，用中火煮约2分钟。

❺揭开锅盖，加入盐、鸡粉，下入面片，煮至熟软，盛出煮好的面片，装入碗中，点缀上茴香叶即可。

肉末西红柿煮面片

▌烹饪时间：7分钟 ▌份量：2人

🌶 **原料**

面片270克，肉末60克，西红柿75克，蒜末、茴香叶各少许

🍲 **调料**

盐2克，鸡粉2克

制作指导

按照西红柿的纹理切瓣，这样就不会让里面的汁液流出来。

沙茶墨鱼面

烹饪时间：7分30秒 **份量：2人**

原料

油面170克，墨鱼肉75克，黄瓜45克，胡萝卜50克，红椒10克，蒜末少许，柴鱼片汤450毫升

调料

沙茶酱12克，生抽5毫升，水淀粉、食用油各适量

做法

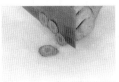

❶将胡萝卜去皮切片；黄瓜切片；红椒切圈；墨鱼肉切块。

❷锅中注入清水烧热，倒入墨鱼。

❸拌匀，略煮一会儿，汆去腥味，捞出，沥干水分。

❹锅中注入清水烧开，倒入油面。

❺拌匀，煮约5分钟，至熟透，捞出，沥干水分。

❻起油锅，放入蒜末、墨鱼块、沙茶酱、柴鱼片汤炒匀。

❼加入胡萝卜片、红椒圈煮沸，加水淀粉、生抽制成汤料。

❽取汤碗，放入面条，盛入汤料，撒上黄瓜片即成。

沙茶牛肉面

❙ 烹饪时间：8分钟 ❙ 份量：2人

🌶 原料

板面200克，牛肉片60克，蒜苗25克，蒜末少许，高汤650毫升

🍲 调料

沙茶酱15克，鸡粉2克，生抽2毫升，料酒3毫升，食用油适量

🍴 做法

❶将洗净的蒜苗切成小段。

❷锅中注入清水烧开，放入板面。

❸拌匀，用中火煮约4分钟，至面条熟透，捞出，沥干水分。

❹起油锅，撒上蒜末爆香，倒入蒜苗段。

❺放入牛肉片、料酒，炒匀炒香。

❻放入沙茶酱、高汤，煮约2分钟。

❼待汤汁沸腾，加入生抽、鸡粉调味，撇去浮沫，制成汤料。

❽取汤碗，放入面条，盛入汤料，至八九分满即可。

❶将洋葱切丝；蒜苗切段；胡萝卜去皮切片；鳝鱼切片。

❷锅中注水烧开，放入油面拌匀，煮熟，捞出，沥干水分。

❸用油起锅，放入蒜末、鳝鱼片、料酒，炒香。

❹倒入蒜苗、洋葱、胡萝卜片，炒匀。

鳝鱼羹面

▍烹饪时间：7分钟 ▍份量：2人

🌶 原料

油面170克，鳝鱼肉50克，洋葱20克，蒜苗30克，胡萝卜40克，青椒8克，蒜末少许，柴鱼片汤500毫升

🍲 调料

豆瓣酱10克，鸡粉少许，料酒2毫升，生抽5毫升，食用油适量

制作指导

清洗鳝鱼时可加入少许生粉，这样能有效去除其黏液。

❺加入豆瓣酱、柴鱼片汤煮沸，放入生抽、鸡粉调成汤料，取汤碗，放入面条，再盛入汤料即可。

做法

① 鸡蛋打入碗中，打散，调匀，制成蛋液，待用。

② 用油起锅，倒入蛋液，炒至蛋皮状，盛入碗中。

③ 锅中注入适量清水烧开，放入面条，搅拌匀。

④ 加入盐、鸡粉，拌匀，煮约2分钟，加入食用油。

⑤ 放入蛋皮拌匀，放入生菜煮软，盛入碗中，撒上葱花即可。

生菜鸡蛋面

▌烹饪时间：6分钟　▌份量：2人

原料

面条120克，鸡蛋1个，生菜65克，葱花少许

调料

盐、鸡粉各2克，食用油适量

制作指导

鸡蛋不宜炒太久，以免影响口感。

什锦面片汤

▌烹饪时间：12分钟 ▌份量：2人

🌶 原料

馄饨皮150克，上海青50克，午餐肉100克，土豆150克，西红柿100克，鸡蛋1个

🍲 调料

盐、鸡粉各2克，食用油适量

🍴 做法

❶土豆去皮切片；午餐肉切片；西红柿切小瓣；上海青切瓣。

❷取碗，打入鸡蛋，搅散，制成蛋液。

❸锅中注入清水烧开，倒入上海青，加入食用油。

❹略煮片刻至断生，捞出，装盘。

❺用油起锅，倒入蛋液，炒匀。

❻放入土豆，炒匀。

❼锅中注入适量清水，加入西红柿、午餐肉、馄饨皮煮熟。

❽加盐、鸡粉拌匀，盛出面汤，装碗，放上上海青即可。

蔬菜牛肉面

| 烹饪时间：6分钟 | 份量：2人

🌶 **原料**

面条180克，包菜50克，牛肉汤650毫升

🍲 **调料**

盐2克，生抽3毫升

🍴 **做法**

❶将洗净的包菜切成小块，备用。

❷锅中注水烧开，放入备好的面条。

❸搅散，煮约4分钟，至其熟透。

❹关火后捞出面条，沥干水分，待用。

❺锅置火上，倒入备好的牛肉汤，用大火烧热。

❻待汤汁沸腾，加入少许生抽、盐，拌匀调味。

❼再放入包菜，拌匀，煮至断生，制成汤料，待用。

❽取一个汤碗，放入煮熟的面条，盛入汤料，至八分满即成。

五彩蔬菜烩面片

| 烹饪时间：7分钟 | 份量：2人

🌶 原料

馄饨皮200克，胡萝卜30克，菠菜60克，水发香菇10克，肉末30克，香干30克

🍲 调料

盐、鸡粉各2克，胡椒粉1克，生抽、料酒各5毫升，芝麻油、食用油各适量

制作指导

焯煮菠菜时可以加入少许食用油，这样可以保持其翠绿的颜色。

🍴 做法

❶将香干切条；香菇去蒂，切条；洗好去皮的胡萝卜切片。

❷锅中注水烧开，倒入菠菜，焯水后捞出。

❸起油锅，将肉末炒变色；加料酒、生抽、鸡粉炒入味，盛出。

❹锅中注水烧开，倒入胡萝卜、香菇、香干，煮断生。

❺放入馄饨皮、盐、鸡粉、胡椒粉、芝麻油煮熟，装碗，放上菠菜，浇上汤汁，倒入肉末即可。

❶洗好的西红柿切小块；鸡蛋打入碗中，打散，调成蛋液。

❷锅中注水烧开，加食用油，放入面条煮熟，捞出，装碗。

❸用油起锅，倒入蛋液，炒呈蛋花状，把蛋花盛入碗中。

❹锅底留油烧热，爆香蒜末，放入西红柿、蛋花，炒散。

❺放入清水、番茄酱、盐、鸡粉煮熟；倒入水淀粉勾芡，取面条，盛入锅中的材料，点缀上葱花即可。

西红柿鸡蛋打卤面

▮烹饪时间：4分钟 ▮份量：2人

🌶 原料

面条80克，西红柿60克，鸡蛋1个，蒜末、葱花各少许

🍲 调料

盐、鸡粉各2克，番茄酱6毫升，水淀粉、食用油各适量

制作指导

面条煮的时间不可过长，否则会影响口感。

酸菜肉末打卤面

▎烹饪时间：4分钟 ▎份量：2人

🌶 **原料**

面条60克，酸菜45克，肉末30克，蒜末少许

🍲 **调料**

盐、鸡粉各2克，生抽2毫升，辣椒酱、水淀粉、生抽各适量，食用油、芝麻油各少许

🍴 **做法**

❶将洗净的酸菜切成碎末。

❷锅中加清水、食用油、盐、鸡粉、面条，煮熟，捞出。

❸用油起锅，加入肉末、生抽、蒜末，炒匀炒香。

❹倒入酸菜、清水、辣椒酱、盐、鸡粉，拌匀调味。

❺加入老抽，略煮片刻，至其入味。

❻放入水淀粉、芝麻油，盛出锅中的材料，浇在面条即可。

制作指导

酸菜要尽量切得碎些，否则会影响肉末的口感。

西红柿牛肉面

| 烹饪时间：6分钟 | 份量：2人

🌶 原料

面条250克，牛肉汤300毫升，西红柿100克，蒜末、葱花各少许

🍲 调料

番茄酱、食用油各适量

🍴 做法

❶锅中注水烧开，放入备好的面条。

❷轻轻搅拌，煮约4分钟，至面条熟透。

❸捞出煮好的面条，装入碗中，待用。

❹用油起锅，放入蒜末，爆香，挤入适量番茄酱，炒出香味。

❺倒入牛肉汤，用大火略煮一会儿，放入西红柿煮断生。

❻盛出浇在面条上，点缀上葱花即成。

制作指导

西红柿煮的时间不宜太长，以免影响其口感。

❶ 在洗净的西红柿上划上十字花刀，放入沸水中略煮片刻，捞出，过凉水，剥去皮，切丁。

❷ 锅中注入清水烧开，倒入龙须面，煮至熟软。

❸ 将面条捞出，沥干水分，装入碗中。

❹ 热锅注油，放入西红柿，翻炒片刻。

西红柿碎面条

▌烹饪时间：2分钟 ▌份量：2人

🌶 原料

西红柿100克，龙须面150克，清鸡汤400毫升

制作指导

西红柿煮到表皮起皱后再捞出，会更好去皮。

❺ 倒入鸡汤，略煮一会儿，将煮好的汤料盛入面中即可。

做法

❶将洗净的豆腐切小方块。

❷锅中注水烧开，倒入面条搅匀，煮熟，捞出，沥干水分。

❸另起锅，注入柴鱼片汤，放入洗净的银鱼干。

❹拌匀，煮沸，加入盐、生抽、黄豆芽，放入豆腐块，拌匀。

❺淋入水淀粉拌匀，倒入蛋清制成汤料，取汤碗，放入面条，盛入汤料即成。

银鱼豆腐面

▌烹饪时间：7分钟 ▌份量：2人

原料

面条160克，豆腐80克，黄豆芽40克，银鱼干少许，柴鱼片汤500毫升，蛋清15克

调料

盐2克，生抽5毫升，水淀粉适量

制作指导

水淀粉的用量可适当多一些，这样面条的口感更佳。

鲜笋魔芋面

| 烹饪时间：5分钟 | 份量：1人 |

🌶 原料

魔芋面250克，茭白15克，竹笋10克，西蓝花30克，清鸡汤150毫升

🍲 调料

盐、鸡粉各2克，生抽5毫升

🍴 做法

① 锅中注入清水烧开，倒入西蓝花。

③ 沸水锅中倒入茭白，略煮一会儿，捞出，装盘。

② 煮至断生后捞出，装盘待用。

④ 锅中再倒入切竹笋，略煮一会儿，捞出，装盘。

⑤ 锅中注入清水烧开，放入魔芋面。

⑥ 煮2分钟至其熟软，捞出，装入碗中，放上西蓝花。

⑦ 另起锅，倒入鸡汤，放入备好的竹笋、茭白。

⑧ 加盐、鸡粉、生抽，煮至食材入味，盛出，装碗即可。

玉米肉末拌面

| 烹饪时间：4分钟 | 份量：3人

🌶 原料

面条175克，鲜玉米粒45克，黄瓜75克，猪肉末100克，西红柿丁20克

🍲 调料

盐、鸡粉各1克，生抽、料酒各5毫升，水淀粉、食用油各适量

🍴 做法

①将洗净的黄瓜切成细丝。

②锅中注入清水烧开，放入洗净的玉米粒，拌匀。

③煮约2分钟，至熟透后捞出，沥干水分。

④锅中注入清水烧开，放入面条。

⑤拌匀，用中火煮约3分钟，至面条熟透。

⑥捞出煮熟的面条，沥干水分，待用。

⑦取一个汤碗，放入煮熟的面条，倒入黄瓜丝。

⑧再放入焯熟的玉米粒，倒入肉末酱，食用时拌匀即可。

炸洋葱丝牛肉面

▌烹饪时间：8分钟 ▌份量：2人

🌶 原料

板面175克，洋葱40克，面粉适量，牛肉汤550毫升

🍲 调料

番茄酱25克，盐、胡椒粉各2克，食用油适量

制作指导

炸洋葱丝时油温不宜过高，以免将其炸煳了。

🍴 做法

❶ 将去皮洗净的洋葱切粗丝，取部分的洋葱丝，放入盘中，撒上面粉，拌匀。

❷ 热锅注油，倒入拌匀的洋葱丝，炸至金黄色，捞出沥干油。

❸ 锅中注水烧开，放入板面煮至面条熟透，捞出，沥干。

❹ 油爆洋葱丝。

❺ 放入番茄酱，牛肉汤煮片刻，加盐、胡椒粉制成汤料，面条装碗，盛入汤料，撒上洋葱丝即可。

做法

❶ 把洗净的紫甘蓝切成丝。

❷ 洗净去皮的胡萝卜切片，再切丝。

❸ 用油起锅，放入葱花、紫甘蓝、胡萝卜、柱侯酱，炒香。

❹ 倒入熟宽面，放入适量生抽、盐、鸡粉，炒匀。

❺ 加芝麻油，炒匀，将炒好的面条盛出装盘即可。

紫甘蓝面条

▌烹饪时间：2分30秒 ▌份量：2人

原料

紫甘蓝90克，熟宽面180克，胡萝卜100克，柱侯酱40克，葱花少许

调料

盐2克，鸡粉2克，生抽4毫升，芝麻油3毫升，食用油适量

制作指导

可事先将紫甘蓝焯熟，沥干水分后再炒。

芝麻核桃面皮

■ 烹饪时间：10分钟 ■ 份量：2人

🌶 **原料**

黑芝麻5克，核桃20克，面皮100克，胡萝卜45克

🍲 **调料**

盐2克，生抽2毫升，食用油2毫升

🍴 **做法**

❶将洗净的胡萝卜切丝；面皮切小片。

❷烧热炒锅，倒入核桃、黑芝麻，炒出香味，盛出。

❸取榨汁机，把核桃、黑芝麻倒入杯中，磨成粉末。

❹锅中注入清水，倒入胡萝卜。

❺盖上盖，烧开后用小火煮至其熟透。

❻揭盖，把胡萝卜捞去，留胡萝卜汁。

❼放入适量盐、生抽、食用油，煮沸。

❽倒入面皮，煮熟透，盛出装碗，撒上核桃黑芝麻粉即可。

砂锅鸭肉面

烹饪时间：35分钟　　份量：3人

🌶 原料

面条60克，鸭肉块120克，上海青35克，
姜片、蒜末、葱段各少许

🍲 调料

盐、鸡粉各2克，料酒7毫升，食用油
适量

🍴 做法

❶洗净的上海青对半切开。

❷2.锅中注入清水烧开，加入食用油。

❸倒入上海青，拌匀，煮至断生，捞出上海青，沥干水分。

❹沸水锅中倒入鸭肉，汆去血水。

❺撇去浮沫，捞出鸭肉，沥干水分。

❻砂锅中加入清水、鸭肉、料酒、蒜末、姜片，煮约30分钟。

❼放入面条，拌匀，煮约3分钟至熟软。

❽加入盐、鸡粉，煮至入味，放入上海青，放上葱段即可。

PART 5
饺子馄饨，人人爱

　　北方有俗话说，好吃不过饺子。味道鲜美、馅料丰富的饺子，一直是天南地北和异国他乡餐桌上的一款无与伦比的美味佳肴。中国众多的传统习俗都与热腾腾的饺子有关。冬至、小年、除夕，饺子是任何山珍海味都无法替代的"节日饭"。全家人团聚在一起，热热闹闹地包饺子、吃饺子，一种幸福感油然而生，节日的气氛烘托得愈加热烈。

做饺子、馄饨的小窍门

饺子、馄饨作为既包含主粮，也有包含肉类和蔬菜的食物，营养素比较全面。同时，一种馅中可以加入多种原料，轻松实现多种食物原料的搭配，比用多种原料炒菜方便得多。做饺子、馄饨也是有许多窍门的。

和面的窍门

在面粉里加入鸡蛋，使面里蛋白质增加，包的饺子下锅后蛋白质会很快凝固收缩，饺子起锅后收水快，不易粘连；面要和得略硬一点，和好后放在盆里盖严密封10~15分钟，等面中麦胶蛋白吸水膨胀，充分形成面筋后再包饺子。

调馅的窍门

包饺子常用的馅料有很多种，其中动物性来源的有猪肉、牛肉、羊肉、鸡蛋和虾等；植物性来源的有韭菜、白菜、芹菜、茴香和胡萝卜等。这些原料本身营养价值都很高，互相搭配更有益于营养平衡。

一般饺子馅的肉与菜的比例以1∶1或2∶1为宜。不要把菜汁倒掉。据测定，大白菜去汁后维生素会损失60%以上。若倒掉菜汁，几乎是把大白菜、萝卜中大部分维生素扔了。把菜馅剁好后，先将菜汁挤压出来置盆中，拌肉时和酱油陆续加入，充分搅拌，使菜汁渗入肉内，然后放上菜搅匀。

煮饺子不粘连三法

☆煮饺子时，如果在锅里放几段大葱，可使煮出的饺子不粘连。

☆水烧开后加入少量食盐，将盐溶解后再下饺子，直到煮熟，不用点水，不用翻。这样，水开时既不会外溢，饺子也不粘锅或连皮。

☆饺子煮熟后，先用笊篱把饺子捞入温开水中浸一下，再装盘，就不会粘在一起了。

八珍果饺

烹饪时间：10分钟　**份量：2人**

 原料

澄面300克，生粉60克，胡萝卜120克，西芹50克，水发香菇50克，火腿50克，瘦肉80克，青豆80克，玉米粒80克，虾仁45克

调料

盐2克，鸡粉2克，生抽4毫升，水淀粉5毫升，蚝油2克，食用油适量

做法

① 将火腿、瘦肉、胡萝卜、香菇、西芹、虾仁切成粒。

② 将青豆、玉米粒、西芹、香菇和胡萝卜焯水，瘦肉粒、虾仁余至转色。

③ 油炒火腿粒，加入瘦肉粒、虾仁和焯过水的食材炒匀。

④ 放盐、鸡粉、生抽、清水、蚝油、水淀粉炒匀制成馅料。

⑤ 把澄面和生粉制成面团，做成饺子皮。

⑥ 取馅料放在饺子皮上，收口，捏紧，收口处留一个小窝。

⑦ 逐个放入青豆点缀，制成生坯。

⑧ 把生坯放入垫有笼底纸的蒸笼里蒸熟取出即可。

做法

① 胡萝洗净去切粒；
小白菜、香菇切粒。

② 白菜粒放盐后抓匀挤
水，放香菇、胡萝卜、
姜末、盐、鸡粉、芝
麻油、生粉、虾仁、肉
胶、葱末制成馅料。

③ 澄面倒入碗中加生
粉拌匀，加水和面。

④ 取面团搓成长条，切
成剂子，擀成饺子皮。

⑤ 取适量馅料包成饺
子，收口处留出小段，
用剪刀将其对半剪开，
捏成兔耳形状，用黑芝
麻作成眼睛，制成生
坯，入蒸笼蒸熟即可。

兔形白菜饺

| 烹饪时间：8分钟 | 份量：2人

原料

小白菜150克，胡萝卜200克，虾仁90
克，肉胶100克，鲜香菇40克，生粉
150克，澄面200克，姜末、葱末、黑
芝麻各适量

调料

盐4克，鸡粉3克，芝麻油8毫升

制作指导

制作馅料前，可以将料
酒、葱、姜与虾仁一起
浸泡，腌渍一会儿，以
去除虾仁的腥味。

八珍水饺

| 烹饪时间：10分钟 | 份量：2人

🌶 原料

澄面300克，生粉60克，胡萝卜120克，西芹50克，水发香菇50克，火腿50克，瘦肉、青豆、玉米粒各80克，虾仁45克，饺子皮数张，上汤700毫升，葱花少许

🍲 调料

盐2克，鸡粉2克，食用油适量

🍴 做法

❶将火腿、瘦肉、胡萝卜、香菇、西芹、虾仁切成粒。

❷将青豆、玉米粒、西芹、香菇和胡萝卜焯水，把瘦肉粒、虾仁汆至转色。

❸油炒火腿粒，加入瘦肉粒、虾仁和焯过水的食材，炒匀。

❹放盐、鸡粉、生抽、清水、蚝油、水淀粉炒匀制成馅料。

❺取适量馅料放在饺子皮上，收口，捏紧，制成生坯。

❻把上汤倒入锅中，放盐、鸡粉、食用油，拌匀，煮沸。

❼倒入生坯，搅拌，煮约5分钟至熟。

❽把煮好的水饺盛出装入碗中，放上葱花即可。

豆角素饺

烹饪时间：10分钟　份量：2人

 原料

澄面300克，生粉60克，豆角150克，橄榄菜30克，胡萝卜120克

调料

盐2克，鸡粉2克，水淀粉8毫升

做法

①将洗净的豆角、胡萝卜切成粒。

②胡萝卜和豆角焯水后捞出，沥干水分。

③起油锅，倒入胡萝卜、豆角，放盐、鸡粉、橄榄菜、水、水淀粉制成馅料。

④把澄面和生粉做成光滑的面团，切成大小均等的剂子，擀成饺子皮。

⑤取适量馅料放在饺子皮上，收口，捏紧，收口处捏出小窝，制成生坯。

⑥在收口处放胡萝卜粒、豆角粒、橄榄菜点缀。

⑦把生坯装入垫有笼底纸的蒸笼里，大火蒸4分钟。

⑧把蒸好的饺子取出即可。

❶将大白菜、香菇切成粒；胡萝卜去皮切丝；生姜去皮剁成末。

❷油爆花椒，盛出，倒入香菇、老抽、白糖炒香，盛出；将白菜、胡萝卜装碗中，倒入芝麻油，加入香菇、姜末抓匀。

❸放盐、五香粉制成馅料，盛出。

❹取饺子皮，放入馅料，收口，捏成三角形，制成饺子生坯。

白菜香菇饺子

▌烹饪时间：4分钟30秒 ▌份量：2人

🌶 原料

大白菜300克，胡萝卜100克，鲜香菇40克，生姜20克，花椒少许，饺子皮数张

🍲 调料

老抽2毫升，白糖5克，芝麻油3毫升，盐2克，五香粉少许，食用油适量

制作指导

香菇易炒熟，白菜、胡萝卜易熟，所以蒸饺子生坯的时间不宜太长。

❺蒸盘刷油，放上饺子生坯，蒸熟，取出装盘即可。

❶将洗净的胡萝卜、芹菜、木耳切粒。

❷倒入碗中，加木耳、青豆、盐、白糖、鸡粉、芝麻油、肉胶拌匀，制成馅料。

❸用高筋面粉、低筋面粉、生粉、鸡蛋和黄奶油制成面团。

❹取适量面团，搓成长条状，切成大小均等的剂子，擀成饺子皮。

❺取适量馅料，放在饺子皮上，收口，捏紧，制成生坯，装入垫有笼底纸的蒸笼里蒸3分钟后取出，用油煎至焦黄色即可。

锅贴饺

▌烹饪时间：10分钟　▌份量：2人

🌶 **原料**

高筋面粉300克，低筋面粉90克，生粉70克，黄奶油50克，鸡蛋1个，水发木耳40克，胡萝卜90克，芹菜70克，青豆80克，肉胶100克

🍲 **调料**

盐2克，白糖3克，鸡粉3克，芝麻油4毫升，食用油适量

制作指导

可以事先将青豆煮熟，再用于制作馅料，这样可以加快馅料熟透。

鸡肉白菜饺

| 烹饪时间：6分钟 | 份量：2人

原料

饺子皮170克，鸡肉60克，白菜75克，芹菜20克，鸡蛋清少许，葱花适量

调料

盐、鸡粉、生抽各少许，生粉10克，芝麻油、食用油各适量

做法

① 把洗净的芹菜切成碎末。

② 洗好的白菜剁碎，装碗，加盐拌匀，挤出水分，待用。

③ 鸡肉末中加鸡粉、盐、生抽拌匀，倒入白菜、芹菜、生粉拌匀。

④ 淋入芝麻油拌匀，制成肉馅，待用。

⑤ 取饺子皮，放入馅料，对折，用蛋清封口，制成饺子生坯。

⑥ 锅中注入适量清水烧开，放入饺子生坯边煮边搅拌。

⑦ 加入适量食用油、盐、鸡粉，续煮至饺子熟透。

⑧ 盛出煮好的饺子，撒上葱花即可。

碱水蒸饺

烹饪时间：12分钟 | **份量：2人**

🌶 **原料**

韭菜200克，肉胶80克，水发香菇40克，虾仁60克，低筋面粉500克，碱水25毫升，生粉75克，黄奶油60克

🍲 **调料**

盐2克，鸡粉3克，芝麻油2毫升

🍴 **做法**

❶将洗净的韭菜切碎；洗好的虾仁、香菇切丁。

❷韭菜装碗，放盐、鸡粉、芝麻油、虾仁、肉胶，拌匀制成馅料。

❸取1/2低筋面粉装碗，加入生粉、开水，搅成面糊，揉搓成面团。

❹将剩余的低筋面粉开窝，倒入清水、碱水、黄奶油混匀。

❺加入面团，揉搓成光滑的面团。

❻取适量面团，搓成长条状，切数个大小均等的剂子，擀成饺子皮。

❼取适量馅料放在饺子皮上收口，捏紧，制成饺子生坯。

❽把饺子生坯装入垫有笼底纸的蒸笼里大火蒸8分钟即可。

家常汤饺

| 烹饪时间：11分钟 | 份量：2人

🌶 原料

白菜65克，豆腐70克，南瓜80克，洋葱45克，肉末75克，鸡蛋1个，饺子皮适量

🍲 调料

盐2克，鸡粉2克，生粉适量

制作指导

由于食材的含水量大，所以用盐、鸡粉腌渍后，最好挤压控水。

🍴 做法

❶南瓜去皮切成粒；洋葱切成细末。

❷洗净的豆腐压碎；洗好的白菜切成细丝，再切碎。

❸取一大碗，倒入豆腐、南瓜、白菜、洋葱、肉末、盐、鸡粉、鸡蛋液拌匀。

❹加入生粉拌匀至起劲，制成馅料。

❺取饺子皮，放入馅料包好，制成数个饺子生坯，入热水锅中拌匀，加入少许冷水，煮约10分钟即可。

✕ 做法

①韭菜切碎，虾仁、香菇切丁，装碗，放盐、鸡粉、芝麻油、肉胶、生粉制成馅料。

②取1/2低筋面粉装碗，加生粉、开水搅成面糊，揉搓成面团。

③将剩余的低筋面粉开窝，倒入清水、碱水、黄奶油混匀。

④加入面团揉搓，制成数个饺子皮。

⑤取馅料放在饺子皮上收口，制成饺子生坯，上锅煮熟即可。

韭菜鲜虾碱水饺

┃烹饪时间：15分钟　┃份量：2人

🌶 原料

韭菜200克，肉胶80克，水发香菇40克，虾仁60克，低筋面粉500克，碱水25毫升，生粉70克，黄奶油60克

🍲 调料

盐2克，鸡粉3克，芝麻油2毫升

制作指导

煮水饺时，在锅中加少许食盐，锅开时水不外溢水饺也不容易烂。

素面云吞

烹饪时间：7分钟 ┃ 份量：1人

🌶️ **原料**

云吞110克，面条120克，菠菜叶45克

🍲 **调料**

盐、鸡粉、胡椒粉各1克，生抽、芝麻油各5毫升

🍴 **做法**

❶取一空碗，加盐、鸡粉、胡椒粉、生抽、芝麻油，待用。

❷锅中注水烧开，盛入适量开水装有调料的碗中，调成汤水。

❸水锅中放入面条煮熟，捞出，沥干水分，盛入汤水中。

❹锅中再放入云吞，煮约3分钟至熟软。

❺倒入洗净的菠菜，稍煮片刻至熟透。

❻捞出煮好的云吞和菠菜，沥干水分，盛入汤面碗里即可。

制作指导

云吞煮至漂浮在水面即为熟软，便可捞出食用。

韭菜猪肉煎饺

烹饪时间：25分钟 | **份量：2人**

原料

高筋面粉100克，凉水50毫升，低筋面粉150克，温水100毫升，韭菜末300克，五花肉碎200克，香菇末50克，姜末适量，食用油适量

调料

白糖8克，味精4克，盐4克，鸡粉3克，生粉、猪油、食用油各适量

做法

❶将高筋面粉、低筋面粉做成纯滑的面团，待用。

❷将五花肉碎、姜末、白糖、盐、味精、猪油、香菇末、鸡粉装碗拌匀。

❸把生粉分三次倒入拌匀，倒入食用油、韭菜末混合均匀。

❹用适量面团，揉搓成长条状，分成约10克一个的小剂子，擀成饺子皮。

❺在饺子皮上放入适量的馅，对折呈波浪形，即成饺子生坯。

❻将包好的饺子生坯放入蒸隔蒸熟。

❼煎锅注油烧热，放入韭菜猪肉饺，煎至两面成金黄色。

❽盛出煎好的韭菜猪肉饺，装盘即可。

做法

❶洗净去皮的马蹄、胡萝卜切成粒。

❷胡萝卜和马蹄焯煮至断生。

❸将马蹄和胡萝卜装碗，加盐、鸡粉、熟猪油、芝麻油拌匀，制成胡萝卜马蹄馅。

❹取适量馅料放在饺子皮上收口，制成饺子生坯。

马蹄胡萝卜饺子

烹饪时间：4分30秒 ▌份量：2人

🌶 原料

马蹄100克，胡萝卜120克，熟猪油20克，饺子皮数张

🍲 调料

盐2克，鸡粉2克，芝麻油3毫升

制作指导

胡萝卜焯水时间可稍微长一些，这样可以减淡其气味，以免盖过其他食材的味道。

❺取蒸盘，刷上一层食用油，放上饺子生坯，置蒸锅中蒸至饺子生坯熟透即可。

①将肉末、沙葛、芹菜末加盐、味精、白糖、蚝油、生粉、猪油拌匀，即成馅料。

②将澄面、生粉装碗，倒入适量水，拌成浆液，加入开水拌成糊状。

③将面糊、澄面、生粉揉搓成光滑的面团，揉成长条，切成小剂子，擀成薄片。

④放入馅料包好，制成芹菜饺生坯。

⑤将芹菜饺生坯放入铺有油纸的蒸笼中蒸熟，取出即成。

芹菜饺

▌烹饪时间：15分钟　　▌份量：2人

🌶 原料

芹菜末30克，沙葛末30克，肉末40克，澄面、生粉各150克，水100毫升

🍲 调料

盐2克，白糖5克，生粉5克，蚝油8克，猪油8克，味精1克

制作指导

芹菜要选用比较嫩的，这样蒸好的饺子口感会更佳。

青瓜蒸饺

烹饪时间：10分钟 | 份量：2人

原料

高筋面粉300克，低筋面粉90克，生粉70克，黄奶油50克，鸡蛋1个，黄瓜1根，香菜20克，虾仁40克，肉胶80克

调料

盐2克，白糖2克，鸡粉2克，芝麻油2毫升

做法

①将香菜切碎；黄瓜去皮后切粒，倒入碗中，放盐，拌匀，去掉多余水分。

②取碗放入黄瓜、香菜、盐、白糖、鸡粉、芝麻油、肉胶、虾仁拌匀，制成馅料。

③把高筋面粉、低筋面粉、鸡蛋、生粉、黄奶油一起揉搓成光滑的面团。

④取适量面团，搓成长条状，切成数个大小均等的剂子。

⑤把剂子压扁，擀成饺子皮。

⑥取适量馅料放在饺子皮上收口，捏紧，制成生坯。

⑦把生坯装入垫有笼底纸的蒸笼里。

⑧大火蒸5分钟，取出蒸好的饺子即可。

四喜蒸饺

▍烹饪时间：10分钟 ▍份量：2人

🌶 原料

高筋面粉300克，低筋面粉300克，小白菜叶40克，胡萝卜100克，水发木耳40克，肉末80克，腊肉50克，鸡蛋1个，葱末、姜末各少许

🍲 调料

盐2克，白糖2克，鸡粉2克，生抽3毫升，生粉5克

🍴 做法

❶将洗净的腊肉、胡萝卜、木耳、白菜叶切粒。

❷取大碗，倒入白菜叶抓匀，挤出多余水分，装入另一碗中，加入木耳、胡萝卜。

❸再加腊肉、姜末、葱末、盐、白糖、鸡粉、生抽、肉末、生粉搅匀，制成馅料。

❹把高筋面粉、低筋面粉、鸡蛋做成光滑的面团。

❺把面团搓成长条状，切成大小均等的剂子，擀成饺子皮。

❻取适量馅料放在饺子皮上收口，捏成花瓣状，制成生坯。

❼分别取木耳粒、胡萝卜粒、菜叶粒和腊肉粒塞入花瓣里。

❽把生坯装入垫有笼底纸的蒸笼里，大火蒸6分钟即可。

清蒸鱼皮饺

| 烹饪时间：12分钟 | 份量：2人

原料

鲮鱼肉泥500克，肥肉丁100克，食用油30毫升，生粉35克，葱花适量，马蹄粉20克，陈皮末10克，食粉3克，水发木耳35克，水发香菇30克，火腿50克，饺子皮适量

调料

盐3克，鸡粉3克，芝麻油5毫升，食用油适量

制作指导

干香菇需用开水泡发好，再用清水清洗干净才使用。

❶将火腿切粒；洗净的木耳、香菇切粒。

❷食粉加水拌匀，倒入装有鱼肉泥的碗中，放盐、鸡粉、清水、陈皮、葱花拌匀。

❸将生粉、马蹄粉和清水搅匀，加入鱼肉泥中搅匀，加入肥肉丁、食用油、芝麻油拌匀，制成鱼肉泥馅。

❹将木耳装碗，加入火腿、香菇、盐、鸡粉、白糖、芝麻油、鱼肉泥馅拌匀，制成饺子馅。

❺取适量馅料放在饺子皮上收口，制成生坯，蒸熟即可。

❶洗净的西葫芦切丁。

❷将肉末、西葫芦、姜末、葱花、生抽、盐、鸡粉、食用油、十三香拌匀，制成馅料。

❸将面粉制成光滑的面团，静置至面团蓬松，做成饺子皮。

❹将适量的馅料包入饺子皮内，制成饺子生坯。

❺把饺子生坯摆放在抹好油的盘中，蒸14分钟，待蒸汽散去，将蒸饺取出即可。

西葫芦蒸饺

▌烹饪时间：15分钟 ▌份量：2人

🌶 原料

西葫芦110克，肉末90克，面粉180克，葱花、姜末各少许

🍲 调料

生抽8毫升，盐3克，鸡粉3克，十三香、食用油各适量

制作指导

分好的剂子可撒上点面粉抹在表面，以免面团粘连在一起。

虾饺皇

烹饪时间：10分钟 | 份量：2人

🌶 原料

澄面300克，生粉60克，虾仁100克，猪油60克，肥肉粒40克

🍲 调料

盐2克，鸡粉2克，白糖2克，芝麻油2毫升，胡椒粉少许

🍴 做法

❶把虾仁放在干净的毛巾上，吸干其表面的水分。

❷将虾仁装碗，放入胡椒粉、生粉、鸡粉、盐、白糖拌匀。

❸加入肥肉粒、猪油、芝麻油拌匀，制成馅料。

❹把澄面和生粉倒入碗中混匀，倒入开水搅拌烫面。

❺把面糊倒在案台上，搓成光滑的面团。

❻取适量面团，制成大小均等的剂子，擀成饺子皮。

❼取适量馅料放在饺子皮上收口，捏紧，制成饺子生坯。

❽把生坯装入垫有包底纸的蒸笼里，大火蒸4分钟即可。

鲜虾菠菜饺

烹饪时间：12分钟 份量：2人

🌶 原料

菠菜100克，生粉75克，澄面175克，虾仁40克，葱末少许，胡萝卜180克，肉胶150克

🍲 调料

盐3克，鸡粉3克，食用油适量

🍴 做法

①将洗净去皮的胡萝卜切丝。

②菠菜焯煮熟后捞出，沥干，切碎。

③再把胡萝卜丝焯煮熟，捞出，待用。

④菠菜装碗，加入虾仁、盐、鸡粉、生粉、肉胶、葱末拌匀，制成馅料。

⑤将澄面、生粉做成光滑的面团，装入保鲜袋。

⑥取适量面团，制成数个大小相等的剂子，擀成饺子皮。

⑦取适量馅料，放在饺子皮上，制成饺子生坯，在生坯收口处系上一根胡萝卜丝。

⑧把生坯装入垫有笼底纸的蒸笼里，大火蒸8分钟即可。

虾仁馄饨

■ 烹饪时间：4分钟　■ 份量：2人

🌶 原料

馄饨皮70克，虾皮15克，紫菜5克，虾仁60克，猪肉45克

🍲 调料

盐2克，鸡粉3克，生粉4克，胡椒粉3克，芝麻油、食用油各适量

制作指导

馄饨皮煮至透明，就可以关火了。

🍴 **做法**

❶洗净的虾仁拍碎，剁成虾泥；洗好的猪肉切片，剁成肉末。

❷把虾泥、肉末装入碗中，加入鸡粉、盐，撒上胡椒粉，搅拌均匀。

❸倒入生粉，拌至起劲，淋入芝麻油拌匀，腌渍约10分钟，制成馅料。

❹取馄饨皮，放入馅料制成馄饨生坯。

❺锅中注水烧开，撒上紫菜、虾皮，加盐、鸡粉、食用油略煮，放入馄饨生坯拌匀，煮熟透即可。

鸳鸯饺

🗲 做法

❶把洗净的豆角、胡萝卜、香菇、木耳切粒，装入碗中。

❷加鸡粉、盐、白糖、芝麻油、肉胶、生抽、蚝油、生粉搅匀，制成馅料。

❸把澄面和生粉倒入碗中混匀，倒入开水搅拌烫面。

❹把面糊倒在案台上，搓成光滑的面团，擀成饺子皮。

❺取适量馅料放在饺子皮上，制成生坯；蒸7分钟即可。

烹饪时间：12分钟 | **份量：2人**

🌶 原料

澄面300克，生粉60克，胡萝卜70克，水发木耳35克，水发香菇30克，豆角100克，肉胶80克

🍲 调料

盐、鸡粉各2克，白糖3克，生抽4毫升，生粉5克，芝麻油3毫升，蚝油5克

制作指导

澄面和生粉需要加入开水搅拌，这样才能将其烫熟，搅成晶透的糊状。

鲜虾韭黄饺

烹饪时间：20分钟 ┃ 份量：2人

原料

低筋面粉250克，鸡蛋1个，虾仁60克，肉末80克，韭黄80克，水发木耳30克，水发香菇40克，胡萝卜60克

调料

盐2克，鸡粉2克，生抽3毫升，生粉5克，蚝油5克，芝麻油3毫升

做法

❶将韭黄切小段；胡萝卜去皮切粒；木耳、香菇切粒。

❷肉末装碗，放盐、鸡粉、生抽、切好的材料、虾仁搅匀。

❸放生粉，加蚝油、芝麻油，拌匀，制成馅料。

❹把低筋面粉、鸡蛋做成光滑的面团，擀成饺子皮。

❺制作三角形状的饺子生坯，在棱上剪叶子状花形，点缀上胡萝卜粒，制成生坯。

❻把生坯装入垫有笼底纸的蒸笼里，大火蒸7分钟即可。

制作指导

事先将虾仁的虾线挑去，去除其体内杂质，以保证虾肉的鲜味。

韭菜猪肉水饺

烹饪时间：25分钟 | 份量：2人

🌶 原料

高筋面粉100克，凉水50毫升，低筋面粉150克，温水100毫升，韭菜末300克，五花肉碎200克，香菇末50克，姜末适量

🍲 调料

白糖8克，味精4克，盐4克，鸡粉3克，生粉、猪油、食用油各适量

🍴 做法

❶将高筋面粉、低筋面粉倒在操作台上拌匀开窝。

❷把温水倒在混合均匀的面粉上搅拌，将冷水倒在面粉上揉搓成纯滑的面团。

❸将五花肉碎、姜末、白糖、盐、味精放入碗中拌匀，把猪油放入碗中抓揉。

❹倒入香菇末、鸡粉、生粉、食用油、韭菜末混匀，装碗。

❺取一块面团，制成约10克一个的小剂子，擀平、擀薄，即成饺子皮。

❻在饺子皮上放入适量的馅，对折，挤压饺子皮，将其捏紧，放入盘中。

❼锅中注入适量清水烧开，放入包好的饺子，煮约5分钟至熟。

❽捞出煮好的水饺装盘，撒上葱花即可。

❶花椒装碗，加适量开水，浸泡10分钟。

❷肉胶倒入碗中，加入姜末、花椒水、盐、鸡粉、生抽、芝麻油拌匀，制成馅料。

❸取适量馅料，放在饺子皮上收口捏紧，制成生坯。

钟水饺

▌烹饪时间：10分钟 ▌份量：2人

原料

肉胶80克，蒜末、姜末、花椒各适量，饺子皮数张

调料

盐2克，鸡粉2克，生抽4毫升，芝麻油2毫升

制作指导

干花椒要用开水冲泡，这样才能完全泡出花椒的有效成分。

❹锅中注水烧开，放入生坯，煮熟。

❺取小碗，装生抽、蒜末，制成味汁，把饺子捞出装盘，用味汁佐食饺子即可。

❶把肉胶倒入碗中，放盐、白糖、鸡粉、生抽拌匀。

❷放入姜末、葱花、木耳、香菇、芝麻油拌匀，制成馅料。

❸取适量馅料放在云吞皮上。

❹收口，捏紧，制成生坯。

❺用油起锅，放入生坯，倒入蛋液，用小火煎至成型，关火闷熟，把煎好的云吞盛出装盘即可。

香菇蛋煎云吞

▌烹饪时间：5分钟 ▌份量：2人

🌶 **原料**

香菇粒40克，木耳粒30克，肉胶80克，鸡蛋1个，葱花、姜末各少许，云吞皮适量

🍲 **调料**

盐2克，白糖2克，鸡粉2克，生抽3毫升，芝麻油2毫升，食用油适量

制作指导

云吞生坯宜用小火慢煎，以免被煎煳。

紫菜馄饨

| 烹饪时间：5分30秒 | 份量：2人

🌶️ 原料

水发紫菜40克，胡萝卜45克，虾皮10克，葱花少许，猪肉馄饨100克

🍲 调料

盐2克，鸡粉2克，食用油适量

🍴 做法

①将去皮洗净的胡萝卜切片，改切成丝。

②用油起锅，倒入虾皮，爆香。

③放入胡萝卜丝，翻炒出香味。

④倒入适量清水。

⑤放入紫菜，用锅铲拌匀，用大火煮沸。

⑥加入适量盐、鸡粉，拌匀。

⑦放入备好的猪肉馄饨，用中火煮熟。

⑧将煮好的馄饨盛出，装入碗中，撒入少许葱花即可。

香菇炸云吞

▍烹饪时间：3分钟 ▍份量：2人

🌶 原料

香菇粒40克，木耳粒30克，肉胶80克，鸡蛋1个，云吞皮适量，葱花、姜末各少许

🍲 调料

盐2克，白糖2克，鸡粉2克，生抽3毫升，芝麻油2毫升，食用油适量

🍴 做法

❶把肉胶倒入碗中，放盐、白糖、鸡粉、生抽，拌匀。

❷放入姜末、葱花、木耳、香菇，拌匀。

❸加芝麻油，拌匀，制成馅料。

❹取适量馅料，放在云吞皮上收口，捏紧，制成生坯。

❺热锅注油烧至五六成热，放入生坯，炸约1分钟至金黄色。

❻把炸好的云吞捞出装盘即可。

制作指导

油温不宜过高，云吞生坯放入油锅炸的时间也不宜过长，以免被炸煳。

PART 6
包子馒头花卷，
为身体提供能量

说到包子、馒头和花卷，我们自然会想到它们多种多样的原料：小麦粉、杂粮粉等等，这些原料富含碳水化合物，能为人体提供每天所需的能量。接下来一章将向大家介绍各种各样的包子、馒头和花卷的做法。

不可多得的发面技巧

中式面点制作的一大重点就是发面。发面也是很讲究技巧性的工序，下面就为您介绍发面的四大技巧。

选对发酵剂

发面用的发酵剂一般都用干酵母粉。它的工作原理是：在合适的条件下，发酵剂在面团中产生二氧化碳气体，再通过受热膨胀使得面团变得松软可口。活性干酵母（酵母粉）是一种天然的酵母菌提取物，不仅营养丰富，还含有维生素和矿物质，对面粉中的维生素还有保护作用。酵母菌在繁殖过程中还能增加面团中的B族维生素。所以，用它发酵制作出的面食成品要比未经发酵的面食（如饼、面条等）营养价值高出好几倍。

发酵粉的用量宜多不宜少

在面团发酵过程中，发酵力相等的酵母，用在同品种、同条件下进行面团发酵时，如果增加酵母的用量，可以促进面团发酵速度。所以在面团发酵时，可以用增加或减少酵母的用量来适应面团发酵工艺要求。对于面食新手来说，发酵粉宜多不宜少，能保证发面的成功率。

和面的水温要掌握好

温度是影响酵母发酵的重要因素。酵母在面团发酵过程中要求有一定的温度范围，一般控制在25℃～30℃。如果温度过低就会影响发酵速度。温度过高，虽然可以缩短发酵时间，但会给杂菌生长创造有利条件，而影响产品质量。很多人家里没食品用温度计，可以用手来感觉，别感觉出烫就行。

保证适宜的温湿度

一般发酵的最佳环境温度在30℃～35℃，最好别超过40℃。湿度在70～75%，这个数据下的环境是最利于面团发酵的。温度太低，因酵母活性较弱而减慢发酵速度，延长了发酵所需时间；温度过高，则发酵速度过快。湿度低于70%，面团表面由于水分蒸发过多而结皮，不但影响发酵，而且影响成品质量。

葱香南乳花卷

| 烹饪时间：55分钟 | 份量：2人

🌶 原料

低筋粉500克，泡打粉8克，水200毫升，细砂糖100克，猪油5克，酵母5克，南乳10克，葱花适量，黄油适量，盐少许

🍲 调料

细砂糖8克，味精4克，盐5克

🍴 做法

❶把低筋粉、泡打粉拌匀，用刮板开窝。

❷将细砂糖、酵母倒在水中拌匀，加入低筋粉、猪油揉成形。

❸在操作台上撒上面粉，将其面团擀平、擀薄。

❹用刮板取适量黄油，刮在面皮上，放入南乳，撒上盐。

❺将葱花平铺在面皮上，将面折叠，切成宽约4厘米的片状。

❻在面片扭成麻花状，制成葱香南乳花卷生坯。

❼放在包底纸上，入蒸笼发酵，蒸熟。

❽将蒸好的葱香南乳花卷取出即可。

做法

❶将低筋粉、泡打粉拌匀，用刮板开窝。

❷将细砂糖、酵母倒在水中，分三次加入到低筋粉中，按压揉匀成形。

❸将面撕开，将猪油放到中间，切出大小均等的小馒头状。

❹将切好的小馒头放入蒸盘，自然发酵40分钟。

❺将发酵好的馒头放入蒸锅中，将蒸好的馒头装入盘中即成。

刀切馒头

烹饪时间：50分钟 **份量：2人**

原料

低筋粉、泡打粉、水、细砂糖、猪油、酵母各适量

工具

刮板1个

制作指导

要凉水下锅，水开后保持中火，关火后加盖静置5分钟后再出锅，这样馒头不会回缩。

甘笋花卷

▌烹饪时间：12分钟 ▌份量：2人

 原料

低筋面粉500克，胡萝卜汁150毫升，白糖100克，泡打粉7克，酵母5克，葱花30克，碱水少许

 工具

刮板1个，擀面杖1根

 做法

❶把低筋面粉倒在案台上，用刮板开窝。

❷将泡打粉倒在面粉上面，再把白糖倒入窝中。

❸酵母加胡萝卜汁调匀，揉搓成面团。

❹葱花装入碗中，加少许碱水拌匀。

❺取面团压扁，将面皮两端切齐整，把葱花铺在面皮上。

❻横向将面皮两边向中间对折，用刀切数个大小均等的剂子。

❼制成花卷生坯，粘上包底纸，装入蒸笼里发酵。

❽把发酵好的生坯放入烧开的蒸锅，大火蒸8分钟即可。

腐乳汁烤馒头片

烹饪时间：15分钟 ｜ 份量：2人

原料
馒头150克，腐乳汁60克，熟白芝麻30克

调料
食用油适量

做法

①馒头切成厚片。

②烤盘铺上锡纸，刷上食用油、腐乳汁，撒上白芝麻。

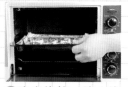

③取出烤箱，放入烤盘中。

④选择"双管发热"功能，烤15分钟至馒头片熟。

⑤打开箱门，取出烤好的食材盘。

⑥将烤好的馒头片装入盘中即可。

制作指导

烤盘一定要刷上厚厚的油，这样烤出来的馒头片才会外酥内软。

❶把低筋面粉倒在案台上，放泡打粉、白糖倒入窝中。

❷酵母加胡萝卜汁调匀，加入胡萝卜汁混合均匀。

❸揉搓成面团，取适量面团，搓成宽度均匀的长条状。

❹蒸笼放入包底纸，再放入生坯，然后发酵1小时。

❺把发酵好的生坯放入烧开的蒸锅，大火蒸5分钟即可。

甘笋馒头

▌烹饪时间：8分钟　▌份量：2人

🌶 原料

低筋面粉500克，胡萝卜汁150毫升，白糖100克，泡打粉7克，酵母5克

制作指导

干酵母需要加清水搅匀，气温较低时，则用37℃左右的温水来活化酵母。

✗ 做法

❶把面粉、酵母中，加入白糖、清水，揉搓至面团纯滑。

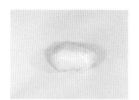

❷将面团放入保鲜袋中，包紧、裹严实，静置约10分钟。

❸把花生末装入碗中，加入白糖、花生酱，制成馅料。

❹取面团，摘数个剂子，擀成中间厚、四周薄的面皮。

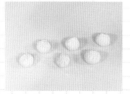

❺取馅料放入面皮中捏紧，制成花生包生坯；蒸熟即成。

花生白糖包

▌烹饪时间：74分钟 ▌份量：2人

🌶 原料

低筋面粉500克，酵母5克，白糖65克，花生末40克，花生酱20克

🍲 调料

食用油适量

制作指导

调制馅料时，最好多拌一会儿，以使白糖完全溶化。

孜然鸡蛋馒头

┃烹饪时间：1分钟 ┃份量：2人

原料

馒头100克，鸡蛋1个

调料

黑胡椒5克，孜然粉7克，盐、食用油各适量

做法

❶把馒头切厚片，再切粗条，改切成丁。

❷取一个大碗，打入鸡蛋。

❸加入少许盐、黑胡椒、孜然粉，搅匀。

❹倒入馒头丁，混合均匀，备用。

❺锅中注入适量食用油，烧至五成热。

❻倒入馒头丁，搅匀，炸至金黄色。

❼将馒头捞出，装入盘中。

❽撒上孜然粉即可。

莲蓉包

| 烹饪时间：55分钟 | 份量：2人

🌶️ **原料**

低筋面粉500克，泡打粉8克，水200毫升，细砂糖100克，猪油5克，酵母5克，莲蓉40克

🍴 **做法**

❶将低筋面粉倒在操作台上，倒入泡打粉拌匀，用刮板开窝。

❷把细砂糖、酵母中加入水、低筋面粉中，揉搓成面团。

❸把猪油放到面团中间，揉搓成纯滑的面团，分成两部分。

❹取其中一个面团，用手揉搓成圆球，擀平擀薄。

❺取莲蓉放到面皮上，然后制成莲蓉包生坯。

❻把圆团放在包底纸上，放入蒸笼，使其自然发酵40分钟。

❼将莲蓉包生坯放入蒸锅中，用大火蒸4分钟至熟。

❽取出蒸笼装入盘中即可。

❶把馒头切成厚度均匀的片。

❷将蛋液搅散调匀，待用。

❸煎锅置于火上烧热，淋入食用油。

❹将馒头片裹上鸡蛋液，放入煎锅中。

❺用小火煎至蛋液变白，翻转馒头片，用小火煎至两面呈金黄色即可。

鸡蛋炸馒头片

▌烹饪时间：3分钟　▌份量：2人

🌶 原料

馒头85克，蛋液100克

🍲 调料

食用油适量

制作指导

蛋液中淋入少许料酒，可以降低鸡蛋的腥味。

🍴 做法

①将低筋面粉、全麦粉、白糖、泡打粉、酵母、猪油揉好。

②用擀面杖将面团擀平，揉搓成长条状。

③取大小面团，用擀面杖将面团擀平。

④莲蓉揉搓成条，切大小均等的小剂子。

⑤制成麦香莲蓉包生坯；垫上包底纸，蒸熟即可。

麦香莲蓉包

▌烹饪时间：70分钟　▌份量：2人

🌶 原料

低筋面粉630克，全麦粉120克，白糖150克，泡打粉13克，酵母7.5克，猪油40克，水300毫升，莲蓉40克

制作指导

面皮要软一点，这样吃的时候口感才好。

麦香馒头

烹饪时间：70分钟 | 份量：2人

原料

低筋面粉630克，全麦粉120克，白糖150克，泡打粉13克，
酵母7.5克，猪油40克，水300毫升

做法

❶将低筋面粉中，加入全麦粉、白糖、泡打粉、酵母、水。

❷加入猪油，慢慢揉成面团。

❸用擀面杖将其面团擀平。

❹将面皮从一端开始卷起，然后揉搓成长条状。

❺用刀切成约3厘米长的段。

❻垫上包底纸，放入蒸笼，使其自然发酵60分钟。

❼把蒸笼放入烧开的蒸锅中，用大火蒸5分钟至熟。

❽取出蒸好的麦香馒头，装入盘中即可。

南瓜馒头

烹饪时间：73分钟 ┃ 份量：2人

🌶 **原料**

熟南瓜200克，低筋面粉500克，白糖50克，酵母5克

🍲 **调料**

食用油适量

🍴 **做法**

①将面粉、酵母中，放入白糖、熟南瓜拌匀至南瓜成泥状。

②加入清水反复揉搓，制成南瓜面团，静置约10分钟。

③取南瓜面团，搓成长条形，切成数个剂子，即成馒头生坯。

④蒸盘刷上食用油，再摆放好馒头生坯。

⑤蒸锅放置在灶台上，放入蒸盘发酵，蒸至食材熟透。

⑥取出蒸好的南瓜馒头即成。

制作指导

制作熟南瓜前，最好将其表皮去除干净，这样拌好的南瓜面团才更纯滑。

①将面粉、酵母中，加入白糖、清水，拌匀，静置约10分钟。

②取适量面团，压成小面团，擀成中间厚四周薄的面饼。

③摘数个莲蓉剂子，放入面饼中收口，制成寿桃包生坯。

④将蒸盘刷上一层食用油，放入寿桃包生坯，蒸约10分钟。

⑤取出蒸熟的寿桃包，撒上粉红食用色素即可。

寿桃包

| 烹饪时间：72分钟 | 份量：2人

🌶 原料

低筋面粉500克，酵母5克，白糖50克，莲蓉100克，食用色素少许

制作指导

蒸寿桃包时应用大火，这样蒸出来的寿桃形状更饱满。

❶ 将低筋粉、泡打粉、细砂糖、酵母、水、猪油，拌匀。

❷ 将五花肉碎、姜末、糖、盐、味精、猪油、冬菇末拌匀。

❸ 加入鸡粉、生粉、色拉油、韭菜末拌匀成馅。

❹ 取面团，揉成条，用擀面杖擀平。

❺ 取馅，制成鼠尾包生坯，放在包底纸上，蒸5分钟即可。

鼠尾包

▋烹饪时间：55分钟 ▋份量：2人

🌶 原料

低筋粉500克，泡打粉8克，水200毫升，细砂糖100克，猪油5克，酵母5克，韭菜末300克，五花肉碎200克，冬菇末50克，姜末适量

🍲 调料

细砂糖8克，味精4克，盐5克，鸡粉适量，猪油200克，色拉油5毫升

制作指导

蒸好的包子关火后要等3到5分钟再开锅盖，否则包子容易塌陷。

双色包

烹饪时间：75分钟 | 份量：2人

🌶 原料

低筋面粉、酵母、白糖、熟南瓜、肉末、葱花各适量

🍲 调料

盐、鸡粉、老抽、料酒、生抽、水淀粉、芝麻油、食用油各适量

🍴 做法

❶取面粉、酵母、白糖，加数次清水，揉搓至白色面团纯滑。

❷将白色面团放入保鲜袋中静置约10分钟左右。

❸取面粉、酵母、白糖、熟南瓜、清水，制成南瓜面团。

❹把南瓜面团放入保鲜袋中静置约10分钟左右。

❺用油起锅，倒入肉末、全部调料，加入葱花，制成馅料。

❻将白色面团、南瓜面团擀平，把南瓜面团压紧，制成面卷。

❼将面卷切成数个小剂子，放入馅料制成双色包生坯。

❽蒸盘刷上食用油，放上双色包生坯发酵，蒸约10分钟。

水晶包

烹饪时间：11分钟　份量：2人

🌶 **原料**

澄面100克，生粉60克，虾仁100克，肉末100克，水发香菇30克，胡萝卜50克

🍲 **调料**

猪油5克，盐4克，白糖5克，生抽5毫升，鸡粉3克，胡椒粉、芝麻油、食用油各适量

🍴 **做法**

❶香菇、胡萝卜切粒；加入盐、白糖、生粉、食用油。

❷将虾仁切粒；将肉末加盐、生粉、生抽、清水、虾仁。

❸加入全部调料、香菇、胡萝卜料。

❹将生粉放入装有澄面的碗中，加盐、清水，烫至凝固。

❺放入生粉、猪油揉搓成光滑的面团，盖上毛巾。

❻取适量面团，揉成长条，切成数个小剂子，擀成面皮。

❼取面皮，加入适量馅料做成水晶包生坯，放入蒸笼中。

❽用大火蒸8分钟，至生坯熟透即可。

❶ 取面粉、酵母、白糖，做成白色面团，静置10分钟。

❷ 将面粉、酵母、白糖、熟南瓜制成南瓜面团，静置10分钟。

❸ 取白色面团、南瓜面团擀平、擀匀。

❹ 把南瓜面团叠在白色面团上压紧，切剂子，即成馒头生坯。

❺ 取蒸盘刷上食用油，取出蒸好的双色馒头即成。

双色馒头

▌烹饪时间：74分钟 ▌份量：2人

🌶 原料

低筋面粉1000克，酵母10克，白糖100克，熟南瓜200克

🍲 调料

食用油适量

制作指导

熟南瓜碾成泥后再加入面粉中，搅拌起来会更省力一些。

✖ 做法

❶ 把馒头切成薄厚一致的片，待用。

❷ 圆椒、彩椒去籽，切成块；洗净去皮的胡萝卜切片；洗好的洋葱切小块。

❸ 取一个碗，倒入鸡蛋、盐，搅匀。

❹ 热锅注油，将馒头片裹上蛋液，煎至两面金黄色，盛出。

❺ 倒入胡萝卜、洋葱、圆椒、彩椒、馒头片，炒熟即可。

时蔬炒馒头

▌烹饪时间：2分钟　▌份量：2人

🌶 原料

馒头100克，洋葱60克，胡萝卜120克，鸡蛋80克，彩椒20克，圆椒10克

🍲 调料

盐2克，食用油适量

制作指导

馒头裹鸡蛋时一定要裹匀，这样炸好的馒头外形更美观。

洋葱培根芝士包

| 烹饪时间：155分钟 | 份量：2人

🌶 原料

高筋面粉500克，黄奶油70克，奶粉20克，细砂糖100克，盐5克，鸡蛋1个，水200毫升，酵母8克

🍲 调料

培根片45克，洋葱粒40克，芝士粒30克

🍴 做法

❶ 细砂糖加水溶化。

❷ 把高筋面粉、酵母、奶粉、糖水、鸡蛋，揉搓成面团。

❸ 将其面团稍微拉平，倒入黄奶油揉搓均匀。

❹ 加盐揉搓成光滑的面团，静置10分钟。

❺ 取适量面团，用擀面杖擀平至成面饼。

❻ 铺上芝士粒、洋葱粒，放入培根片，卷至成橄榄状生坯。

❼ 将生坯切成三等份，放入面包纸杯中常温发酵2小时。

❽ 烤盘中放入发酵好的生坯烤熟即可。

玉米火腿沙拉包

烹饪时间：155分钟　　份量：2人

🌶 原料

高筋面粉500克，黄奶油70克，奶粉20克，细砂糖100克，盐5克，鸡蛋1个，水200毫升，酵母8克

🍲 调料

玉米粒100克，火腿丁100克，沙拉酱50克

🍴 做法

①将细砂糖溶于水。

②把高筋面粉、酵母、奶粉、糖水按压成形。

③加入鸡蛋混匀，揉搓成面团。

④将面团稍微拉平，倒入黄奶油，加盐揉搓成光滑的面团。

⑤用保鲜膜将面团包好，取出搓圆至成四个小球。

⑥用圆形模具压成圆饼状生坯，常温发酵至原来一倍大。

⑦烤盘中放入生坯，刷上沙拉酱，撒上玉米粒，放上火腿丁。

⑧将烤盘放入预热好的烤箱中烤熟即可。

椰菜小麦包

烹饪时间：75分钟　份量：2人

原料

低筋面粉、全麦粉、白糖、泡打粉、酵母、猪油、水、椰菜丝、肉末各适量

调料

盐2克，白糖5克，生粉5克，蚝油8克，猪油8克，味精1克

制作指导

造型后的醒发，经过醒发后，生坯拿在手里一定要有轻的感觉，蒸出来的才松软好吃。

做法

❶将椰菜丝、肉丝末中加入盐、味精、白糖、蚝油、生粉、猪油。

❷低筋面粉中，倒上全麦粉、白糖、泡打粉、酵母、水揉匀。

❸加入猪油揉成面团，从一端开始卷起，揉搓成长条状。

❹取适量面团擀成面皮，放入适量馅料制成生坯。

❺底部垫上包底纸，放入蒸笼发酵，蒸熟，取出即可。

❶把高筋面粉装碗中，倒入泡打粉、酵母、清水，揉面。

❷倒入肉末、玉米粒、洋葱末、姜末、全部调料，制成馅料。

❸取面团搓成条形，擀成圆饼形状，盛入馅料收紧口，扭出螺旋状的花纹。

❹再蘸上黑芝麻，制成煎包生坯，待用。

❺用油起锅，放入生坯煎出香味，夹出煎包，装盘即可。

玉米洋葱煎包

▌烹饪时间：13分钟　▌份量：2人

🌶 原料

肉末、玉米粒、洋葱末、高筋面粉、泡打粉、酵母、姜末、黑芝麻各适量

🍲 调料

盐2克，鸡粉、十三香各少许，老抽2毫升，料酒4毫升，食用油适量

制作指导

煎制生坯时可以多用一些食用油，这样成品的口感更好。

芝麻包

烹饪时间：70分钟　份量：2人

🌶️ 原料

低筋面粉500克，牛奶100毫升，泡打粉7克，酵母5克，
白糖80克，芝麻馅100克，黑芝麻少许

🍲 调料

刮板1个，擀面杖1根

🍴 做法

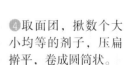

❶把低筋面粉倒在案台上，用刮板开窝，加入白糖、泡打粉。

❷酵母加牛奶搅匀，倒入窝中，加适量清水搅匀。

❸将刮入面粉，混合均匀，揉搓成光滑的面团。

❹取面团，揪数个大小均等的剂子，压扁擀平，卷成圆筒状。

❺将压成面球，再擀成中间厚四周薄的包子皮。

❻取芝麻馅放在面皮上收口，捏成球状。

❼粘上包底纸，再粘上黑芝麻，制成生坯，发酵。

❽把发酵好的生坯放入烧开的蒸锅大火蒸7分钟即可。

孜然烤馒头片

烹饪时间：20分钟　**份量：2人**

原料

馒头230克

调料

盐、孜然粉各2克

做法

①馒头切厚片。

②烤盘铺上锡纸，放上馒头片、食用油、盐、孜然粉。

③选择"双管发热"功能烤15分钟，取出烤盘。

④将馒头片翻过来，放入食用油、盐、孜然粉，放入烤箱。

⑤续烤5分钟至馒头片熟透入味取出。

⑥将烤好的馒头片装入盘中即可。

制作指导

可以加点椒盐调味，这样味道会更好。

PART 7

香甜大饼，
好吃的秘密

　　饼是中国人常吃的家常点心，只要选对面粉，加对了水，揉好了面团，就可以轻轻松松做出好吃的家常饼。如果能依个人喜好的口味，添加各种馅料，应用烤、烙、煎、蒸、炸、炒、焖、烩等技法，就更能满足自己做饼的成就感。

　　本章就来教大家如何在家中做出款式新颖、香甜可口的大饼，每款大饼都配有详细的分步图解，教您一步一步来完成。如果您还是觉得步骤不够清晰，您也可以拿出手机扫一扫上方的二维码，视频教学保证您能轻松学会。

美味饼食制作技巧

中式面点中的饼，是我们经常会吃到的，它香酥可口，但制作起来却不太容易。制饼的方法很多，如烤饼、烙饼、煎饼、炸饼等，无论采取哪种方法做饼，都需要注意以下的这几点制作因素。

选择适用的面粉

面粉是最重要的制饼原料，市面上销售的面粉可分为高筋面粉、中筋面粉、低筋面粉，做不同的饼要选择不同的面粉。低筋面粉的筋度与黏度非常低，蛋白质含量是所有面粉中最低的，占6.5%~9.5%，可用于制作口感松软的饼。中筋面粉筋度及黏度适中，使用范围比较广，含有9.5%~11.5%的蛋白质，可用于制作烧饼、糖饼等软中带韧的饼。高筋面粉筋度大，黏性强，蛋白质含量最高，占11.5%~14%，适合用来做有嚼劲的饼。

揉制面团要注意细节

①面粉要过筛，以便空气进入面粉中，这样做出来的饼才会松软有弹性。

②搅拌面粉时应轻轻拌匀，不可太过用力，以免将面粉的筋度越拌越高。

③将面粉揉成团的过程中，千万不要把水一次全部倒进去，而是要分数次加入，揉出来的面团才会既有弹性，又能保持湿度。

制作面团时加入油脂

在揉面团时添加油脂的目的是为了提高饼的柔软度和保存性，并可以防止饼干燥。另外，适量油脂也可帮助面团或面糊在搅拌及发酵时，保持良好的延展性，还可让饼吃起来口味香浓。但过多的油脂会阻碍面团的发酵与蓬松度，所以一定要按比例添加。

掌握好火候

制饼的方法很多，但无论是烤、烙、煎、蒸、炸都需要掌握一个关键的技巧，就是火候。根据不同原料的特性和制法掌握火候是做好饼的关键。

爱心蔬菜蛋饼

烹饪时间：5分钟 ┃ 份量：2人

原料

菠菜60克，土豆100克，南瓜80克，豌豆50克，鸡蛋2个，面粉适量

调料

盐2克，牛油、食用油各少许

做法

❶ 将洗净的菠菜切成碎末。

❷ 洗好去皮的南瓜、土豆切细丝。

❸ 豌豆、南瓜、土豆、菠菜煮断生，捞出，沥干水分。

❹ 取碗，倒入焯过水的食材，打入鸡蛋，加入盐，拌匀。

❺ 撒上适量面粉，快速搅拌均匀至其呈面糊状。

❻ 煎锅置于火上，注油烧热。

❼ 倒入面糊，摊开铺匀呈饼状，煎至两面熟透。

❽ 盛出蛋饼，放凉后修成"心"形，摆在盘中即可。

做法

❶ 去皮洗好的洋葱切丝，再切成粒；洗净的海藻切碎。

❷ 锅中注水烧开，放入海藻，煮半分钟，捞出，沥干水分。

❸ 将海藻装入碗中，放入洋葱粒，打入鸡蛋，用筷子搅散。

❹ 放入鸡粉、芝麻油，面粉、清水，搅匀成面糊。

❺ 煎锅注油烧热，倒入蛋糊，煎至焦黄，切块，装盘中即可。

海藻鸡蛋饼

▌烹饪时间：3分30秒 ▌份量：2人

原料

海藻90克，面粉80克，洋葱70克，鸡蛋1个

调料

盐2克，鸡粉2克，芝麻油2毫升，食用油适量

制作指导

煎制蛋饼时要时不时晃动煎锅，使其蛋饼均匀受热。

红薯饼

烹饪时间：25分钟 | 份量：2人

原料

红薯片240克，澄面40克，糯米粉60克，白糖30克，猪油10克，吉士粉适量

做法

①把红薯片放入烧开的蒸锅中大火蒸熟，装入碗中捣烂。

②放入白糖、糯米粉搅拌均匀。

③再加入澄面、吉士粉、猪油搅拌匀。

④将材料倒在操作台上，加入糯米粉、澄面揉搓成面团。

⑤将面团揉搓成长条，分成三等份的小剂子。

⑥在饼模内部撒入澄面，脱模即成红薯饼生坯。

⑦将红薯饼放入烧开的蒸锅中，用中火蒸约6分钟至熟。

⑧将蒸好的红薯饼取出即可。

葛根玉米鸡蛋饼

┃ 烹饪时间：3分30秒 ┃ 份量：2人

🌶 原料

鸡蛋120克，鲜玉米粒70克，葛根粉50
克，葱花少许

🍲 调料

鸡粉2克，盐3克，食用油适量

🍴 做法

❶葛根粉装碗，注水搅拌均匀，将鸡蛋打入碗中。

❷锅中注水烧开，倒入玉米粒，加盐，焯煮至断生，捞出。

❸把玉米粒倒入装有鸡蛋的碗中。

❹加入葛粉、盐拌匀，撒上葱花，制成蛋液。

❺用油起锅，倒入少许蛋液炒匀后盛入碗中，拌匀呈鸡蛋糊。

❻煎锅置于火上，注入食用油烧热，倒入拌好的鸡蛋糊。

❼摊开，铺匀，呈饼状，煎至两面熟透。

❽关火后盛出蛋饼，切成小块即可。

黄鱼鸡蛋饼

┃ 烹饪时间：3分钟 ┃ 份量：2人

🌶 原料

黄鱼肉200克，鸡蛋1个，牛奶200毫升，糯米粉25克，洋葱50克

🍲 调料

盐2克，鸡粉2克，料酒4毫升，食用油适量

制作指导

刮鱼肉时可用比较薄的铁勺子刮，这样更方便操作。

🍴 做法

❶黄鱼肉去骨，将鱼肉刮下来；洗净的洋葱切成丁。

❷取碗，倒入糯米粉，加入鸡蛋、黄鱼肉、洋葱拌匀。

❸加入盐、鸡粉、料酒、牛奶，拌匀，捏成大小一致的小饼。

❹煎锅中倒入适量食用油，放入小饼煎出香味。

❺用锅铲翻面，煎至两面呈金黄色；沥干油，装入盘中即可。

红薯糙米饼

烹饪时间：23分钟 ┃ 份量：2人

原料

红薯片200克，蛋清50毫升，糙米粉150克

做法

❶蒸锅中注水烧开，放上红薯片，用大火蒸15分钟至熟。

❷碗中加入蛋清，用电动搅拌器搅拌至鸡尾状，待用。

❸取出蒸熟的红薯片，放入碗中，用勺子压成泥状。

❹倒入糙米粒及打发好的蛋清搅拌匀至成浆糊。

❺热锅中放入浆糊，戴上一次性手套，用手压制成饼状。

❻烙至两面金黄，取出放在砧板上，切成数块扇形即可。

制作指导

可依个人喜好，浆糊中可加入适量白糖搅匀。

黄金大饼

| 烹饪时间：74分钟 | 份量：2人

🌶 原料

低筋面粉500克，酵母5克，白糖50克，白芝麻40克，葱花15克

🍳 调料

盐3克，食用油适量

制作指导

生坯上的清水要洒得均匀一些，这样蘸上白芝麻时才会更容易。

🍴 做法

❶把面粉、酵母、白糖、清水，拌匀，静置约10分钟。

❷擀成面皮；加入食用油、盐、葱花，制成圆饼生坯。

❸在蒸盘上放入食用油、圆饼生坯、清水、白芝麻抹匀。

❹蒸锅置于灶台上，用大火蒸至圆饼熟透，取出。

❺热锅注油，放入大饼，炸至两面呈金黄色，切小块即成。

❶将洗净的茴香切成小段。

❷把茴香倒入鸡蛋液里，加入盐、鸡粉，调匀。

❸用油起锅，倒入混合好的蛋液，煎至成形，煎出焦香味。

❹翻面，煎至焦黄色，将煎好的鸡蛋饼盛出。

❺把鸡蛋饼切成扇形块，装盘即可。

茴香鸡蛋饼

▌烹饪时间：4分钟　▌份量：2人

🌶 原料
茴香45克，鸡蛋液120克

🍲 调料
盐2克，鸡粉3克，食用油适量

制作指导

鸡蛋液倒入锅中煎至成形后，用小火煎制，以免将鸡蛋饼煎煳。

黄油煎火腿南乳饼

┃ 烹饪时间：60分钟 ┃ 份量：2人

🌶️ 原料

低筋面粉500克，泡打粉8克，水200毫升，细砂糖100克，猪油5克，酵母5克，葱花适量，蒜蓉10克，盐3克，南乳1块，火腿粒20克，鸡粉、黄奶油各适量

🍴 做法

❶将低筋面粉、泡打粉拌匀，然后用刮板开窝。

❷把细砂糖、酵母、水、低筋面粉、猪油中，揉成面团。

❸将面团分成两部分，取其中一部分擀成面皮。

❹把盐、鸡粉倒入装有南乳的碗中拌匀抹有黄奶油的面皮上。

❺将蒜蓉、火腿拌匀，放入面皮上，加葱花，制成生坯。

❻将饼坯放在蒸隔上发酵，蒸熟取出。

❼煎锅置火上烧热，放入黄油、葱油饼煎至两面呈金黄色。

❽撒上葱花爆香，盛出即可。

可丽饼

┃ 烹饪时间：40分钟 ┃ 份量：2人

🌶 原料

黄奶油15克，白砂糖8克，盐1克，低筋面粉100克，鲜奶250毫升，鸡蛋3个，鲜奶油、草莓、蓝莓各适量，黑巧克力液适量

🍴 做法

❶将鸡蛋、白砂糖倒入碗中，放入鲜奶、盐、黄奶油拌匀。

❷将低筋面粉过筛，然后放入冰箱，冷藏30分钟。

❸煎锅置于火上，倒入面糊，煎至金黄色，折上两折。

❹依次将剩余的面糊倒入煎锅中，煎成面饼，装入盘中。

❺将花嘴模具装入裱花袋中，倒入打发鲜奶油，挤在面饼上。

❻再往盘子两边挤上鲜奶油，在面饼上撒入蓝莓。

❼将黑巧克力液倒入裱花袋中，并在尖端部位剪一个小口。

❽在面饼上快速来回划几下即可。

煎生蚝鸡蛋饼

▌烹饪时间：5分钟 ▌份量：2人

原料

韭菜120克，鸡蛋110克，生蚝肉100克

调料

盐、鸡粉各2克，料酒5毫升，水淀粉、食用油各适量

制作指导

炒至断生的蛋糊放入碗中后要拌匀，这样煎熟的蛋饼形状才美观。

❶将洗净的韭菜切成粒，鸡蛋打入碗中拌匀，制成蛋液。

❷洗净的生蚝肉氽水后捞出，沥干水分。

❸往蛋液中倒入生蚝肉，加入盐、鸡粉、韭菜粒、水淀粉制成蛋糊。

❹用油起锅，倒入部分蛋糊炒断生后盛出，即成蛋饼生坯。

❺锅底留油烧热，煎至两面熟透，分成小块即成。

做法

① 将糯米粉、粘米粉、小麦澄粉、绿茶粉、细砂糖、开水。

② 加入猪油，揉搓成纯滑的面团，揉搓成长条形。

③ 将面条切小段状，在手上粘适量色拉油，将小面团揉圆。

④ 放入模具中，倒扣在操作台上，制成绿茶饼生坯。

⑤ 将绿茶饼生坯放入垫有油纸的蒸笼中，蒸5分钟至熟。

绿茶饼

烹饪时间：13分钟 | **份量：2人**

🌶 原料

糯米粉65克，粘米粉30克，小麦澄粉9克，细砂糖7克，猪油6克，绿茶粉4克，开水适量，色拉油适量

🍲 工具

擀面杖1根，刮板1个，饼印模具数个

制作指导

白糖的用量可以根据自己的口味增减。

迷你肉松酥饼

┃烹饪时间：25分钟 ┃份量：2人

🌶 原料

低筋面粉100克，蛋黄20克，黄油50克，
糖粉40克，肉松20克

🍲 工具

刮板1个，叉子1把，烤箱1台

🍴 做法

❶把低筋面粉用刮板开窝，倒入蛋黄、糖粉拌匀。

❷加入黄奶油，刮入低筋面粉混匀，揉搓成纯滑的面团。

❸把面团搓成长条状，切数个小剂子。

❹用手把小剂子捏成饼状，放入肉松，将饼坯收口，捏紧。

❺揉成小球状，即成酥饼生坯。

❻放入铺有高温布的烤盘里，用叉子按压酥饼坯，压出花纹。

❼将烤盘放入烤箱中烤15分钟至熟。

❽取出烤好的酥饼装盘即可。

奶味软饼

| 烹饪时间：2分30秒 | 份量：2人

🌶 原料

鸡蛋1个，牛奶150毫升，面粉100克，黄豆粉80克

🍲 调料

盐少许，食用油适量

🍴 做法

❶锅中注水烧热，倒入牛奶，加盐、黄豆粉搅拌至糊状。

❷打入鸡蛋，制成鸡蛋糊，盛出装碗。

❸将面粉倒入大碗中，放入鸡蛋糊拌匀，制成面糊。

❹注入适量清水，搅拌均匀，静置待用。

❺平底锅注油烧热，放入少许面糊压平，煎片刻。

❻再倒入剩余的面糊压平，制成饼状，转动平底锅煎香。

❼将面饼翻面，煎约1分钟至两面熟透。

❽将煎好的软饼盛出，摆入盘中即成。

猕猴桃蛋饼

▌烹饪时间：2分钟30秒 ▌份量：2人

🌶 原料

猕猴桃50克，鸡蛋1个，牛奶50毫升

🍲 调料

白糖7克，生粉15克，水淀粉、食用油各适量

制作指导

拌好的鸡蛋糊含有的水分不宜太多，以免将其煎散。

🍴 做法

❶将去皮洗净的猕猴桃切片。

❷把牛奶倒入容器中，放入猕猴桃拌匀，制成水果汁。

❸鸡蛋打入碗中，加入白糖、水淀粉、生粉，搅拌均匀，制成鸡蛋糊。

❹煎锅中注油烧热，倒入鸡蛋糊摊，煎至两面熟透，盛出。

❺待微微冷却后倒入水果汁，卷起鸡蛋饼呈圆筒形，切小段。

南瓜坚果饼

烹饪时间：2分钟 | **份量：2人**

🍴 做法

❶蒸锅上火烧开，放入装有南瓜的小碟子蒸熟，取出。

❷将放凉的南瓜改切成细条，切小丁块。

❸取碗，放入软饭、南瓜丁、核桃粉、黑芝麻、蛋黄、面粉。

❹煎锅注油烧热，倒入饭团摊开，煎至其呈焦黄色。

❺翻转饭团，煎至两面熟透；盛出煎好的南瓜饼，切成小块。

🌶 原料

南瓜片55克，蛋黄少许，核桃粉70克，黑芝麻10克，软饭200克，面粉90克

制作指导

放入面粉拌匀时，可以淋入少许清水，能使拌好的饭团更有韧劲，煎的时候也更方便。

泡菜海鲜饼

▌烹饪时间：5分钟 ▌份量：2人

🌶 原料

猪肉末85克，虾仁55克，洋葱45克，泡菜40克，面粉170克，葱丝、红椒丝各少许

🍲 调料

盐3克，鸡粉少许，料酒3毫升，水淀粉、食用油各适量

🍴 做法

①洋葱切碎末；洗好的泡菜切细末；洗净的虾仁切碎。

②倒入肉末、虾仁末、泡菜、洋葱、盐、鸡粉、料酒、水淀粉。

③将面粉装入碗中，倒入肉酱、水，制成肉面糊，做成饼坯。

④煎锅置火上，注油烧热，放入做好的饼坯煎出香味。

⑤再翻转饼坯，用中小火煎至食材熟透。

⑥盛出煎熟的海鲜饼装盘中，点缀上葱丝和红椒丝即成。

制作指导

调制面糊时，最好注入温开水，这样饼坯更易成形。

南乳饼

烹饪时间：75分钟 ┃ 份量：2人

🌶 原料

细砂糖20克，酵母4克，泡打粉7克，低筋粉120克，南乳适量，猪油20克，白芝麻适量，莲蓉馅30克，水20毫升，色拉油适量

🍴 做法

① 将低筋粉、细砂糖、酵母、泡打粉、南乳、清水、拌匀。

② 放入猪油揉搓成纯滑的面团，扯出大小相同的4个小剂子。

③ 将剂子揉圆擀平，把莲蓉揉搓成条状，切出4个小团子。

④ 把莲蓉馅放到面皮上包好，放入清水、白芝麻，制成生坯。

⑤ 将南乳饼生坯放入垫有油纸的蒸笼中发酵，放入蒸锅蒸熟。

⑥ 油起锅，放入南乳饼煎至金黄色即可。

制作指导

煎饼时注意勤翻面，以免煎煳。

糯米软饼

▎烹饪时间：80分钟 ▎份量：2人

🌶️ 原料

五花肉丁200克，蚝油适量，猪油20克，澄面20克，白糖30克，糯米粉125克，白芝麻40克，食用油适量

制作指导

在蒸笼上铺油纸，可防止软饼粘在蒸笼上。

🍴 做法

❶油起锅，倒入五花肉丁、蚝油，糯米粉、白糖、水。

❷制成面糊，放在糯米面团上揉搓匀。

❸放入猪油揉搓成纯滑的面团，切成几个小剂子，捏成碗状。

❹放入猪肉馅，制成糯米软饼生坯，沾少许水，裹上白芝麻。

❺油纸放入蒸笼里，加入糯米软饼生坯蒸熟；放油锅，煎至金黄色。

❶将食粉、低筋面粉、泡打粉混合好，用刮板开窝。

❷加入细砂糖、鸡蛋、黄奶油，揉搓成光滑的面团。

❸加入巧克力豆揉搓均匀，摘成小剂子，搓成球状。

❹放入烤盘里，刷上蛋黄，放上杏仁片。

❺放入烤箱里烤约15分钟；把酥饼取出，装入容器里即可。

巧克力酥饼

▌烹饪时间：25分钟　▌份量：2人

🌶 原料

黄奶油90克，细砂糖60克，鸡蛋1个，蛋黄30克，低筋面粉150克，泡打粉2克，食粉2克，巧克力豆50克，杏仁片适量

制作指导

在生坯上刷一层蛋黄，可使成品口感更佳。

花生饼干

┃ 烹饪时间：30分钟 ┃ 份量：2人

原料

低筋面粉160克，鸡蛋1个，苏打粉5克，黄油100克，
花生酱100克，细砂糖80克，花生碎适量

做法

❶ 案台上倒入低筋面粉、苏打粉、鸡蛋、细砂糖拌匀。

❷ 放入黄油、花生酱，刮入面粉拌匀。

❸ 将混合物搓揉成一个纯滑面团，揉圆至成生坯。

❹ 将生坯均匀沾上花生碎。

❺ 烤盘垫高温布，将沾好花生碎的生坯放好，制成圆饼状。

❻ 将烤盘放入烤箱中烤15分钟至熟。

❼ 取出烤盘。

❽ 将烤好的饼干装盘即可。

水晶饼

▌烹饪时间：20分钟 ▌份量：2人

🌶 原料

馅料：咸蛋黄60克，车厘子8克，莲蓉50克 水晶皮：澄面、生粉各150克，水100毫升

🍴 做法

❶把咸蛋黄放入烧开的蒸锅中蒸熟装碗。

❷取咸蛋黄切成粒装碗，洗净的车厘子去蒂，切成粒装碗。

❸将莲蓉揉搓成长条，切成小剂子；把油纸放入蒸笼里。

❹将澄面倒入大碗中，放入生粉、水拌成浆。

❺将面糊放在操作台上，撒上澄面、生粉揉搓成光滑的面团。

❻切下面团，放入生粉、咸蛋黄、车厘子、莲蓉包好，揉搓至圆。

❼放入模具中，压好后脱模，制成水晶饼生坯，然后放入蒸笼内蒸熟。

❽取出蒸好的水晶饼，装盘即可。

巧克力杏仁饼

▌烹饪时间：50分钟 ▌份量：2人

🌶 原料

黄奶油200克，杏仁片40克，低筋面粉275克，可可粉25克，全蛋1个，蛋黄2个，糖粉150克

制作指导

待面团冻硬后再切，这样更易成形。

🍴 做法

❶将可可粉、低筋面粉、黄奶油、糖粉、全蛋、蛋黄。拌匀。

❷再揉搓成光滑的面团，把杏仁片加到面团里揉搓均匀。

❸用保鲜膜把面团包，放入冰箱冷冻至其变硬。

❹把面团取出，撕去保鲜膜，切成小块，即成饼干生坯。

❺把饼干生坯放入烤盘中，取出烤好的杏仁饼，装盘中即可。

⚒ 做法

● 洗净去皮的土豆切成丝；洗净的黄瓜切成丝。

❷ 取个大碗，倒入小麦面粉、黄瓜丝、土豆丝，注水拌匀制成面糊。

❸ 加入生抽、盐、鸡粉调味。

❹ 热锅注油烧热，倒入制好的面糊，煎至两面呈现金黄色。

❺ 将饼盛出放凉，切成三角状，装入盘中即可食用。

土豆黄瓜饼

▌ 烹饪时间：1分30秒 ▌ 份量：2人

🌶 原料

土豆250克，黄瓜200克，小麦面粉150克

🍲 调料

生抽5毫升，盐、鸡粉、食用油各适量

制作指导

煎饼最好用中火慢煎，以免煎焦了。

香煎土豆丝鸡蛋饼

烹饪时间：5分钟 | **份量：2人**

🌶 原料

土豆120克，培根45克，鸡蛋液110克，面粉适量，葱花少许

🍲 调料

盐2克，鸡粉2克，食用油少许

🍴 做法

❶培根切成小块，再切成小方块。

❷洗净去皮的土豆切成细丝。

❸锅中注水烧开，加盐，倒入土豆煮软。

❹捞出焯煮好的土豆，沥干水分，装盘待用。

❺取一个大碗，倒入土豆，撒上葱花，倒入蛋液拌匀。

❻加入盐、鸡粉拌匀，加入面粉，倒入培根拌匀呈蛋糊。

❼煎锅置于火上，加入食用油，倒入蛋糊，煎至两面熟透。

❽盛出煎好的蛋饼，装入盘中即可。

小米香豆蛋饼

烹饪时间：18分钟 ┃ 份量：2人

🌶 原料

面粉150克，鸡蛋2个，水发小米50克，水发黄豆100克，四季豆70克，泡打粉2克

🍲 调料

盐3克，食用油适量

🍴 做法

❶把洗净的四季豆切碎；洗好的黄豆剁成细末。

❷锅中注水烧开，加入盐，倒入四季豆、食用油，煮至熟。

❸捞出焯煮好的四季豆，沥干水分。

❹将鸡蛋打入碗中，放入四季豆、小米、黄豆、泡打粉。

❺加入盐、面粉，制成面糊，静置至泡打粉发酵开。

❻加入食用油，搅拌片刻，使面糊纯滑。

❼煎锅中注油烧热，倒入拌好的面糊，煎至至两面呈金黄色。

❽盛出煎好的蛋饼，食用时分成小块。

❶将鸡蛋打入碗中。

❷香蕉去皮，把香蕉肉压烂，剁成泥。

❸把香蕉泥放入鸡蛋中，加入白糖打散，调匀。

香蕉鸡蛋饼

▌烹饪时间：4分钟 ▌份量：2人

🌶 原料
香蕉1根，鸡蛋2个，面粉80克

🍲 调料
白糖适量

制作指导

拌制香蕉蛋糊时，面粉不要放太多，以免成品口感过硬。

❹再加入面粉拌匀，制成香蕉蛋糊。

❺热锅注油，倒入香蕉蛋糊，煎成型，煎至焦黄色盛出；将蛋饼切成数等分小块，装入盘中即可。

✗ 做法

① 将洗净的鱼肉切成片，装入盘中。

② 将鱼肉片放入烧开的蒸锅中蒸熟，取出剁成鱼肉末。

③ 鸡蛋打入碗中打散，调匀，放入葱末、鱼肉末拌匀，放入盐、水淀粉调味。

④ 煎锅注油，倒入鸡蛋鱼肉糊抹平，煎至蛋饼呈微黄色。

⑤ 将煎好的鱼肉鸡蛋饼盛出装盘，再挤上少许番茄汁即可。

鱼肉蛋饼

▌ 烹饪时间：2分30秒　　▌ 份量：2人

🌶 原料

草鱼肉90克，鸡蛋1个，葱末少许

📋 调料

盐、番茄汁、水淀粉各少许，食用油适量

制作指导

煎蛋饼时要控制好时间和火候，以免煎煳。

乳酪黄金月饼

┃ 烹饪时间：20分钟 ┃ 份量：2人

🌶 原料

饼料：黄奶油83克，白糖14克，鸡蛋1个，低筋面粉95克，玉米淀粉10克，奶粉8克

馅料：乳酪165克，白糖64克，蛋黄80克，水20毫升

🍴 做法

❶将低筋面粉、奶粉、玉米淀粉、白糖、蛋黄搅匀。

❷加入黄奶油混合均匀，揉搓成面团。

❸在案台上撒一层低筋面粉，把面团压成0.3厘米厚的面皮。

❹用模具压出数个月饼生坯，将饼坯留在模具里。

❺把做好的月饼生坯放在烤盘上。

❻取碗，倒入蛋黄、白糖、清水，放入乳酪搅匀，制成馅料。

❼将做好的馅料倒入模具里，放入烤箱烤15分钟至熟。

❽取出烤好的月饼。

芝麻饼

烹饪时间：18分钟　|　份量：2人

🌶 原料

熟芝麻100克，莲蓉150克，澄面100克，糯米粉500克，猪油150克，白糖175克

🍲 调料

食用油适量

🍴 做法

①澄面装碗，注开水拌匀，倒扣在案板上，静置约20分钟。

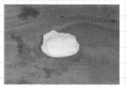

②揭开碗，将发好的澄面揉搓匀，制成澄面团，备用。

③将糯米粉、白糖、水，拌匀，揉搓至其纯滑。

④放入澄面团混匀，加入猪油，分成数个小剂子。

⑤把莲蓉搓成条，切成小段，制成馅料。

⑥把小剂子压成饼状，放入馅料，蘸上清水，滚上熟芝麻。

⑦取蒸盘刷上食用油，摆放好芝麻饼生坯蒸熟，取出凉凉。

⑧煎锅注油烧热，放入芝麻饼，煎至两面呈金黄色即成。

玉米苦瓜煎蛋饼

▌烹饪时间：3分30秒　▌份量：2人

🌶️ 原料

玉米粒100克，苦瓜85克，高筋面粉30克，玉米粉15克，鸡蛋液130克

🍲 调料

盐少许，鸡粉2克，胡椒粉、食用油各适量

制作指导

在调制蛋糊时可以加入白糖，能够中和苦瓜的苦味。

❶将洗净的苦瓜切成薄片。

❷将玉米粒、苦瓜片焯煮断生后，捞出，沥干。

❸鸡蛋液倒入碗中搅散，加入焯过水的材料、高筋面粉、玉米粉拌匀。

❹加盐、鸡粉、胡椒粉拌匀，制成蛋糊。

❺用油起锅，倒入蛋糊铺开，煎至两面熟透；食用时分切成小块，摆好盘即可。

紫甘蓝萝卜丝饼

▎烹饪时间：6分钟 ▎份量：2人

🌶 原料

紫甘蓝90克，白萝卜100克，鸡蛋1个，面粉120克，葱花少许

🍲 调料

盐3克，鸡粉2克，食用油适量

🍴 做法

❶洗净去皮的白萝卜切丝；洗好的紫甘蓝切丝。

❷锅中注水烧开，放入盐，倒入白萝卜、紫甘蓝煮至八成熟。

❸把煮好的紫甘蓝和白萝卜捞出，沥干水分，装碗。

❹放入葱花、鸡蛋、盐、鸡粉，加入面粉混匀，搅成糊状。

❺煎锅中注油烧热，放入面糊，摊成饼状，煎成焦黄色。

❻把煎好的饼取出，切成小块装盘即可。

制作指导

煎饼时可晃动煎锅，以免白萝卜煎糊，影响成品外观。

香肠蛋饼

烹饪时间：21分钟 | 份量：2人

原料

鸡蛋2个，香肠1根，牛奶100毫升

调料

盐、胡辣粉各适量

做法

①香肠切圆片，装盘待用。

②鸡蛋打入碗中，搅拌至微微起泡。

③缓缓倒入牛奶，不停搅拌。

④加入盐、胡辣粉，拌匀，制成蛋液。

⑤取出电饭锅，放入香肠，平铺均匀。

⑥倒入蛋液。

⑦盖上盖子，选择"蒸煮"功能，蒸煮20分钟至蛋饼成形。

⑧打开盖子，将蒸好的蛋饼装盘即可。

做法

❶ 将一半香蕉去皮，切碎；另一半香蕉去皮，切成段。

❷ 洗净的圣女果对半切开，与香蕉段装盘中，香蕉碎装小碗。

❸ 取一个碗，倒入低筋面粉、泡打粉、香蕉碎。

❹ 倒入鸡蛋，淋入牛奶拌匀，制成面糊，起油锅，倒入面糊。

❺ 煎至两面金黄色，盛出，装入摆有香蕉段、圣女果的盘中即可。

香蕉松饼

┃ 烹饪时间：4分钟　　┃ 份量：2人

原料

香蕉255克，低筋面粉280克，鸡蛋1个，圣女果30克，泡打粉35克，牛奶100毫升

调料

食用油适量

制作指导

搅拌面糊时一定要搅拌匀，以免影响口感。

玉米煎鱼饼

烹饪时间：4分钟 ┃ 份量：2人

🌶 原料

鲮鱼肉泥500克，肥肉丁100克，食用油30毫升，生粉35克，马蹄粉20克，陈皮末10克，食粉3克，鲜玉米粒80克

🍲 调料

盐2克，鸡粉2克，芝麻油3毫升，食用油适量

🍴 做法

❶将鱼肉泥装碗，食粉加水搅匀，加入鱼肉泥里搅拌至起浆。

❷放盐、鸡粉，拌匀，加清水、陈皮、葱花拌匀。

❸将生粉与马蹄粉混合，加清水搅匀，加入鱼肉泥中搅匀。

❹加肥肉丁、食用油、芝麻油制成丸子馅料。

❺取馅料装碗，加入玉米粒，搅匀，制成鱼饼馅。

❻把馅料捏成丸子状，装入垫有笼底纸的蒸笼里。

❼把圆形模具套入丸子里，将丸子压成圆饼状生坯。

❽将生坯放入蒸锅蒸10分钟，取出，油煎至焦黄色即可。

紫薯饼

▌烹饪时间：30分钟 ▌份量：2人

🌶 原料
紫薯泥60克，黄奶油50克，蜂蜜28克，蛋黄10克，水10毫升，泡打粉7克，低筋面粉100克

🍲 工具
刮板1个，刷子1把，烤箱1台

🍴 做法

❶将泡打粉放到低筋面粉中，倒在案台上，用刮板开窝。

❷加入水、黄奶油、蜂蜜，混合均匀，揉搓成光滑的面团。

❸把面团切成大小均等的小剂子。

❹将剂子捏成饼坯，放入适量紫薯泥。

❺收口捏紧，搓成球状，再压成饼状，制成生坯。

❻放在烤盘里，刷上蛋黄。

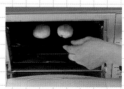

❼把生坯放入预热好的烤箱里，烤约18分钟至熟。

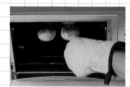

❽打开箱门，取出烤好的紫薯饼，装入盘中即可。